I0874600

Faserforschung und Textiltechnik

Zeitschrift für Polymerforschung

Begründet von

Erich Correns und Walter Frenzel

Herausgegeben von

Wolfgang Bobeth · Hermann Klare

Burkart Philipp · Christian Ruscher

Redaktion

J. Dechant und I. Ruscher

AUS DEM INHALT

Akademie-Verlag
Berlin

Faserforsch. u. Textiltechnik / Z. Polymerforsch.
26. Jahrg. · Heft 12 · Seiten 581–630 · Berlin im Dezember 1975
FSTXA7 26 (12) 581–630 (1975)
EVP 9,– M
31712

12 · 1975

Temperaturbeständige Faserstoffe aus anorganischen Polymeren

Von HANS DAWCZYNSKI

(Wissenschaftliche Taschenbücher, Reihe Chemie)

1974. 178 Seiten — 41 Abbildungen — 31 Tabellen — kl. 8° — 8,— M

Bestell-Nr. 761 8983 (7152)

In diesem Taschenbuch wird auf die wichtigsten temperaturbeständigen Faserstoffe auf der Basis anorganischer Polymerer eingegangen. Es werden Fragen zur Struktur der chemischen und physikalischen Eigenschaften abgehandelt. Besonderer Wert wird sowohl auf die Labordarstellung als auch auf die technische Synthese und die vielfältigen Einsatzmöglichkeiten gelegt. Ferner werden Angaben zur Preis- und Produktionsentwicklung der bedeutendsten temperaturbeständigen anorganischen Faserstoffe gemacht.

Bestellungen durch eine Buchhandlung erbeten

THEORIA CUM PRAXI

AKADEMIE-VERLAG

DDR-108 Berlin, Leipziger Str. 3—4

Faserforschung und Textiltechnik

Zeitschrift für Polymerforschung

Begründet von Erich Correns und Walter Frenzel

Herausgegeben von

Wolfgang Bobeth — Hermann Klare — Burkart Philipp
Christian Ruscher

unter Mitwirkung von

E. Correns (Berlin) — H. Böhringer (Rudolstadt)

K.-H. Banke (Karl-Marx-Stadt) — R. Barthel (Dresden) — H. Behrens (Merseburg) — W. Berger (Dresden) — G. Bodor (Budapest) — K. Dimov (Sofia) — S. Ja. Frenkel (Leningrad) — H. Frommelt (Berlin) — V. Gröbe (Teltow) — A. Heger (Dresden) — H.-H. Hörhold (Jena) — Z. Jedlinski (Zabrze) — J. Kálal (Prag) — V. V. Koršak (Moskau) — P. Kratochvil (Prag) M. Kryszewski (Łodź) — M. Michailov (Sofia) — K. Pestel (Karl-Marx-Stadt) G. Reinisch (Teltow) — A. Romanov (Bratislava) — W. Sattler (Rudolstadt) — C. Simionescu (Iași) — F. Tüdös (Budapest) — J. Ulbricht (Merseburg) — G. Wiedemann (Dresden) — F. Winkler (Teltow) — H. Zimmermann (Teltow) — W. Żurek (Łódź)

Redaktion

J. Dechant, Chefredakteur

I. Ruscher, Redakteur

Band 26 • Dezember 1975 • Heft 12

Herausgeber: Im Auftrage des Akademie-Verlages herausgegeben von Prof. Dr. Ing. habil. Wolfgang Bobeth, Institut für Technologie der Fasern der Akademie der Wissenschaften der Deutschen Demokratischen Republik, DDR - 801 Dresden, Hohe Straße 6; Fernruf: Dresden 4 65 80; Prof. Dr. Dr. h. c. Hermann Klare, Prof Dr. habil. Burkart Philipp und Prof. Dr. habil. Christian Ruscher, Institut für Polymerenchemie der Akademie der Wissenschaften der Deutschen Demokratischen Republik, DDR - 153 Teltow-Seehof; Fernruf: Teltow 48 31; Telex-Nr. 15 322.

Verlag: Akademie-Verlag, DDR - 108 Berlin, Leipziger Straße 3—4; Fernruf: 2 20 04 41; Telex-Nr. 11 4420; Postscheckkonto: Berlin 305 21. Bank.: Staatsbank der DDR, Berlin, Kto-Nr. 6836-26-20712.

Redaktion: Dr. sc. nat. Johannes Dechant, Chefredakteur, und Dipl.-Chem. Ingeborg Ruscher, Redakteur.

Anschrift der Redaktion: Institut für Polymerenchemie der Akademie der Wissenschaften der DDR, DDR - 153 Teltow-Seehof, Kantstraße 55; Fernruf: Teltow 48 31; Telex-Nr. 15 322.

Veröffentlicht unter der Lizenzrummer 1280 des Presseamtes beim Vorsitzenden des Ministerrates der Deutschen Demokratischen Republik.

Gesamtherstellung: VEB Druckhaus „Maxim Gorki“, DDR - 74 Altenburg.

Erscheinungsweise: Die Zeitschrift „Faserforschung und Textiltechnik/Zeitschrift für Polymerforschung“ erscheint monatlich. Die 12 Hefte eines Jahrganges Bilden einen Band. Bezugspreis eines Bandes 180, — M zuzüglich Versandspesen (Preis für die DDR 108,— M). Preis je Heft 15,— M (Preis für die DDR 9,— M). Bestellnummer dieses Heftes: 1014/26/12.

© 1975 by Akademie-Verlag Berlin. Printed in the German Democratic Republic.

Alleinige Anzeigenannahme: DEWAG-WERBUNG, DDR - 1054 Berlin, Wilhelm-Pieck-Str. 49 und alle DEWAG-Betriebe in den Bezirksstädten der DDR.

Bezugsmöglichkeiten der Zeitschrift „Faserforschung und Textiltechnik/Zeitschrift für Polymerforschung“
Bestellungen sind zu richten

— **in der DDR** an den Postzeitungsvertrieb, an eine Buchhandlung oder an den Akademie-Verlag, DDR - 108 Berlin, Leipziger Straße 3—4
— **im sozialistischen Ausland** an eine Buchhandlung für fremdsprachige Literatur oder an den zuständigen Postzeitungsvertrieb
— **in der BRD und Westberlin** an eine Buchhandlung oder an die Auslieferungsstelle KUNST UND WISSEN, Erich Bieber, 7 Stuttgart 1, Wilhelmstraße 4—6
— **in Österreich** an den Globus-Buchvertrieb, 1201 Wien, Hochstädtplatz 3
— **im übrigen Ausland** an den Internationalen Buch- und Zeitschriftenhandel: den Buchexport, Volkseigener Außenhandelsbetrieb der Deutschen Demokratischen Republik, DDR - 701 Leipzig, Postfach 160, oder an den Akademie-Verlag, DDR - 108 Berlin, Leipziger Straße 3—4

DK 678.675'126:539.216.1:677-042.6:539.24:678.027

Berger, Werner, Daniel, Erwin, Hubig, Hans-Peter, und Schmack, Gerhilt

Untersuchungen zur Herstellung von Fibriden als neuartige Polymerbinder und Vliesbildner

Faserforsch. u. Textiltechnik/Z. Polymerforsch. **26** (1975) 12, S. 581—584. 6 Abb., 3 Lit.

Vorstellungen zum Bildungsmechanismus von Fibriden gestatten es, den Einfluß der Variation der Parameter auf die Morphologie abzuschätzen. Das entwickelte Verfahren zur Strahlfällung ermöglicht die kontinuierliche Herstellung von Fibriden auch unter Einsatz von Sekundärrohstoffen. Es zeigte sich, daß die erhaltenen Polymere zur Herstellung von Vliesstoffen geeignet sind, wobei sich die Eigenschaften der Vliese in breitem Rahmen variieren lassen. Gegenüber konventionellen Verfahren ergibt sich eine Vielzahl von Vorteilen.

DK 678.4/.8-404.5:535.36:678.027.98:519.241.6:539.193

Dautzenberg, Herbert

Zur Interpretation der Lichtstreuung an mäßig konzentrierten Polymerlösungen. Teil II. Einfluß einer Vorzugsorientierung

Faserforsch. u. Textiltechnik/Z. Polymerforsch. **26** (1975) 12, S. 585—591. 9 Abb., 5 Lit.

Die Auswertung der experimentellen Streukurven mäßig konzentrierter Polymerlösungen deutete darauf hin, daß die interpartikuläre Streufunktion mit wachsendem Streuwinkel schwächer abfällt als die innerpartikuläre Streufunktion. Modellrechnungen an Rotationsellipsoiden zeigen, daß sich dieses Verhalten durch eine bevorzugte Parallelorientierung der nichtkugelsymmetrischen Knäuel bei kleinen Abständen der Molekülschwerpunkte deuten läßt.

DK 677.494[Bikomp.]:678.675'126:678.674'524'420:537.525:537.533.35:539.22

Schulz, Eckhard, und *Pelzbauer, Zdeněk*

Die Anwendung der Ätzung in der Glimmentladung für die elektronenmikroskopische Untersuchung polymerer Bikomponentensysteme

Faserforsch. u. Textiltechnik/Z. Polymerforsch. **26** (1975) 12, S. 592—598. 10 Abb., 15 Lit.

Es wird über elektronenmikroskopische Untersuchungen an polymeren Bikomponentensystemen berichtet, deren morphologische Struktur mit Hilfe der Ätzung in der HF-Glimmentladung sichtbar gemacht wurde. Dabei wird aufgezeigt, welche Informationen über die Morphologie der Probe aus der freien Oberfläche, Schnitt- bzw. Bruchfläche erhalten werden können.

DK 678.673:547.584'023:547.634-3:66.095.3:541.24.08:532.13.08

Rafler, Gerald, Ikladious, Nawal Edward, Bonatz, Eckhard, Reinisch, Gerhard, Zimmermann, Heinz, Vinogradova, Svetlana Vasil'evna, und *Koršak, Vasilij Vladimirovič*

Poly(tetraphenylmethan-terephthalamid)

Faserforsch. u. Textiltechnik/Z. Polymerforsch. **26** (1975) 12, S. 599—603. 6 Abb., 4 Tab., 14 Lit.

Durch Alkylierung von Anilinhydrochlorid mit 4-Acetamino-triphenylcarbinol wurde 4,4'-Diamino-tetraphenylmethan dargestellt und in Lösung mit Terephthalsäure-dichlorid zum entsprechenden Polyltetraphenylmethan-terephthalamid) polykondensiert. In 95,6%iger Schwefelsäure wurde $[\eta] = f(\bar{M}_w)$ zu $[\eta] = 6{,}80 \cdot 10^{-2} \cdot \bar{M}_w^{0{,}67}$ ermittelt. Durch thermogravimetrische Analyse wurde die Temperatur des Zersetzungsbeginns unter Luft zu 385 °C und unter Stickstoff zu 414 °C bestimmt.

DK 547.458.81:661.728.3:547.397:[678-9.02:66.095.26]:546.655

Messiha, Nagi Naguib, und *Nosseir, Michael Hanna*

Pfropfcopolymerisation von α-Bromacrylsäure auf Cellulose

Faserforsch. u. Textiltechnik/Z. Polymerforsch. **26** (1975) 12, S. 603—605. 4 Abb., 14 Lit.

Der Einfluß der Art und Konzentration verschiedener Säuren auf die Pfropfcopolymerisation von α-Bromacrylsäure auf Cellulose mit adsorbierten Cerionen wurde untersucht. Die günstigsten Ergebnisse hinsichtlich der Bildung des Pfropfcopolymers wurden in einem System mit 0,05 *n* HCl erhalten.

DK 678.745.32-416:547.298.11'211:66.062.855.5:539.612:543.812.4:543.52

Glöckner, Gottfried, Kaufmann, Walter, Abdellatif, Erika, und *Riedel, Siegfried*

Untersuchungen zur Bestimmung und Beseitigung der Lösungsmittel-Retention in Polyacrylnitril

Faserforsch. u. Textiltechnik/Z. Polymerforsch. **26** (1975) 12, S. 606—613. 7 Abb., 2 Tab., 29 Lit.

Am Beispiel von aus Dimethylformamid-Lösungen gegossenen Polyacrylnitril-Filmen werden die Grenzen abgesteckt, auf die die klassischen experimentellen Methoden zur Beseitigung der Lösungsmittel-Retention stoßen. Gravimetrie und Radiochemie dienten zur quantitativen, IR-Spektroskopie und Differentialthermoanalyse zur qualitativen analytischen Bestimmung der eingeschlossenen Fremdkomponenten. Mittels radiochemischer Untersuchungen konnten die Diffusionskoeffizienten des Dimethylformamids bei verschiedenen Temperaturen bestimmt sowie scheinbare Aktivierungsenergien in Filmen unterschiedlicher Dicke berechnet werden.

DK 678.675'126:66.095.264:541.124-128.2:678.027

Šebenda, Jan

Grundlagenforschung der anionischen Lactam-Polymerisation für die Entwicklung neuer technologischer Prozesse zur Herstellung von Polyamiden. Übersichtsbericht

Faserforsch. u. Textiltechnik/Z. Polymerforsch. **26** (1975) 12, S. 614—618. 5 Abb., 1 Tab., 17 Lit.

Am Beispiel der anionischen Polymerisation der Lactame wird aufgezeigt, wie neue Grundlagenerkenntnisse über diesen komplizierten Prozeß gewonnen und wie die erreichten Ergebnisse für die Entwicklung von neuen technologischen Prozessen durchgehend genutzt wurden. Insbesondere wird auf die Technologien des Polymerisationsgießens, der kontinuierlichen anionischen Polymerisation, der Herstellung von Polyamid mit niedrigem Gehalt an extrahierbaren Substanzen sowie auf die Produktion von faserbildenden Polyamiden durch anionische Polymerisation von Caprolactam eingegangen.

DK 677.494.742.3:677.818:536.4:677.017.4

Pechočová, Marie

Spannungs-Temperatur-Zeit-Verhalten von Polypropylenfäden. I. Spannung in isometrisch erwärmten Fäden

Faserforsch. u. Textiltechnik/Z. Polymerforsch. **26** (1975) 12, S. 619—623. 8 Abb., 20 Lit.

In der Arbeit wird die Spannung in isometrisch erwärmter Polypropylen-Textilseide behandelt. Diese Spannung ist niedrig bei vollkommener Durchwärmung der Fäden während der Herstellung und kann durch geeignete Wärmebehandlung ganz beseitigt werden. Die Bewertung des Spannungs-Temperatur-Zeit-Verhaltens isometrischer Fäden ist eine schnelle und empfindliche Methode zur Beurteilung der Spannungs- und Temperaturvorgeschichte des Fadens.

Der Nachdruck dieser Angaben ist statthaft

Faserforschung und Textiltechnik 26 (1975) Heft 12
Zeitschrift für Polymerforschung

Untersuchungen zur Herstellung von Fibriden als neuartige Polymerbinder und Vliesbildner[1])

Werner Berger, Erwin Daniel, Hans-Peter Hubig und Gerhilt Schmack

Technische Universität Dresden, Sektion Chemie

DK 678.675'126:539.216.1:677—042.6:539.24:678.027

Vorstellungen zum Bildungsmechanismus von Fibriden gestatten es, den Einfluß der Variation der Parameter auf die Morphologie abzuschätzen. Das entwickelte Verfahren zur Strahlfällung ermöglicht die kontinuierliche Herstellung von Fibriden auch unter Einsatz von Sekundärrohstoffen. Es zeigte sich, daß die erhaltenen Polymere zur Herstellung von Vliesstoffen geeignet sind, wobei sich die Eigenschaften der Vliese in breitem Rahmen variieren lassen. Gegenüber konventionellen Verfahren ergibt sich eine Vielzahl von Vorteilen.

Исследования по получению фибридов как новых полимерных связующих и полотнообразующих материалов

Представления о механизме образования фибридов позволяют провести оценку влияния изменения параметров на морфологию этих фибридов. Разработанный метод осаждения в струе дает возможность непрерывного получения фибридов и при применении вторичного сырья. Показано, что получаемые полимеры пригодны для получечия полотен, причем свойства последних можно варьировать в широких пределах. Предлагаемый метод обладает рядом преимуществ по сравнению с обычными методами.

Investigations on the Preparation of Fibrids as New Polymer Binder and Basic Material for Nonwovens

The concept of the formation mechanism of fibrids allows to estimate the effect of variations of the parameters on the morphology. The method of jet precipitation permits continuous preparation of fibrids also by recycling waste material. The polymers obtained proved suitable for the preparation fo nonwovens with wide variation of properties. Compared with conventional methods the new method provides numerous advantages.

1. Einleitung

Die Herstellungsmöglichkeiten von Synthesefaserstoffen wurden in den letzten Jahren durch neue Verfahren erweitert. Auf dem Gebiet der textilen Flächengebilde haben sich u. a. Vliesstoffe und textile Erzeugnisse aus Foliefaserstoffen, letztere wiesen 1974 bereits eine Produktion von ca. 400000 t/a [1] aus, durchgesetzt.

Diese Entwicklung wird in erster Linie durch die hohe Produktivität der neuen Anlagen und die günstige Ökonomie, auch bedingt durch den Einsatz von Sekundärrohstoffen, hervorgerufen. Die Variationsbreite bei der Auswahl der Rohstoffe und der Fahrweise der Anlagen gestattet, Produkte mit den verschiedensten Eigenschaften herzustellen.

Vliesstoffe werden gegenwärtig nach drei Verfahren produziert:

- dem Spinnvliesverfahren,
- dem Trockenvliesverfahren,
- dem Naßvliesverfahren.

In Zusammenarbeit mit dem VEB Zellstoff und Papier beschäftigten wir uns mit der Vliesherstellung nach dem Naßvliesverfahren auf der Grundlage von Polyamid(PA)-Fibriden.

2. Herstellung der Fibride

Unter Fibriden verstehen wir Polymerteilchen vorwiegend faserartiger, teilweise verästelter Morphologie (Bild 1).

Ihre hervorstechendste Eigenschaft ist das hohe Bindungsvermögen sowohl untereinander als auch zur Oberfläche anderer Fasern. Dies ist einmal die Folge ihrer Fähigkeit zur Bildung von Wasserstoffbrückenbindungen, und zum anderen verstärken ihre hohe spezifische Oberfläche und Flexibilität diese Fähigkeit.

[1]) Vorgetragen auf der Tagung „50 Jahre Textiltechnik an der TU Dresden" am 21. März 1975

Im Vergleich zu herkömmlichen Vliesbildnern ergeben sich für die Polyamid-Fibride wesentliche Vorteile:

- Zur Herstellung von Flächengebilden sind keinerlei Hilfsstoffe erforderlich.
- Das Material ist chemisch einheitlich und erreicht schon bei der Formierung eine erhebliche Festigkeit, so daß stützende Zusatzeinrichtungen bei der Übergabe von der Sieb- auf die Trockenpartie entfallen.
- Die Herstellung von Verbundvliesen mit breitem Eigenschaftsspektrum ist bei der Selbstverbindung der einzelnen Schichten möglich.

Die Herstellung der Fibride kann unterschiedlich erfolgen. *Hubig* [2] wählte als Methode die Strahlfällung.

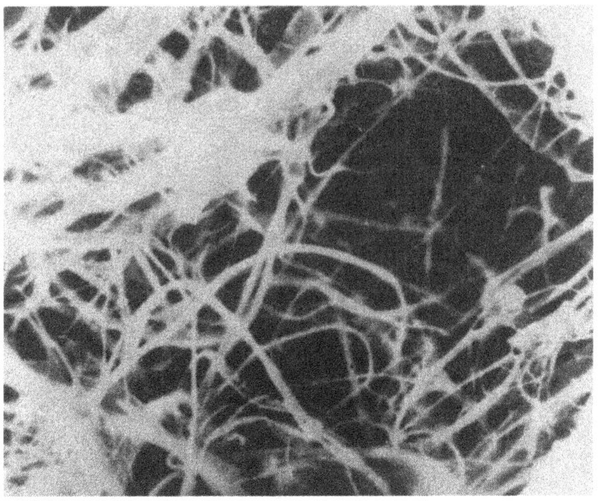

Bild 1. Morphologie der Fibride

3. *Modell zur Strahlfällung*

Das Wesen dieser Methode besteht darin, daß synthetische Polymere aus einer Lösung so ausgefällt werden, daß die entstehenden Koagulate gleichzeitig gereckt werden.

Eine schematische Darstellung gibt Bild 2 wieder.

Der wesentlichste Teil ist eine Düse, aus der das Fällungsmittel (Wasser) mit hoher Geschwindigkeit austritt. Auf die Außenwand dieser Düse wird die Polymerlösung kontinuierlich aufgetragen und läuft als laminarer Rieselfilm zum Düsenaustritt, wo die Polymerlösung mit dem Fällungsmittel (Wasser) zusammentrifft.

An der Berührungsstelle beider Flüssigkeiten bildet sich ein turbulenter Freistrahl aus [3]. Charakteristisch für den turbulenten Freistrahl ist, daß zwei strömungsfähige Medien, die mit verschiedener Geschwindigkeit aneinandergrenzen, an ihrer Grenzfläche eine Verwirbelung zeigen, die man freie Turbulenz nennt. Ein Kennzeichen jeder freien Turbulenz ist die Vergrößerung der Strahlbreite b_0 in Strahlrichtung z. Die in der Grenzschicht auftretende turbulente Vermischung bewirkt, daß am Strahlrand ständig neue Polymerlösung vom Strahl mitgerissen wird. Die in der Polymerlösung frei beweglichen Polymerketten werden durch die Wirbel orientiert. Durch die dabei ebenfalls auftretende starke Durchmischung der Polymerlösung mit dem Fällungsmittel (Wasser) wird die gegenseitige Diffusion von Lösungs- und Fällungsmittel sehr stark begünstigt, so daß die Konzentration des Fällungsmittels in der Umgebung der Polymerketten sehr schnell die Löslichkeitsgrenze übersteigt und die Ausfällung der Polymere eintritt. Das gefällte Polymer hat damit seine freie Beweglichkeit eingebüßt und liegt gereckt vor. In diesem Augenblick ist die Fibridbildung im Strahl abgeschlossen. Unter Verwendung von Wasser als Fällungsmittel wählten wir folgende Betriebsparameter:

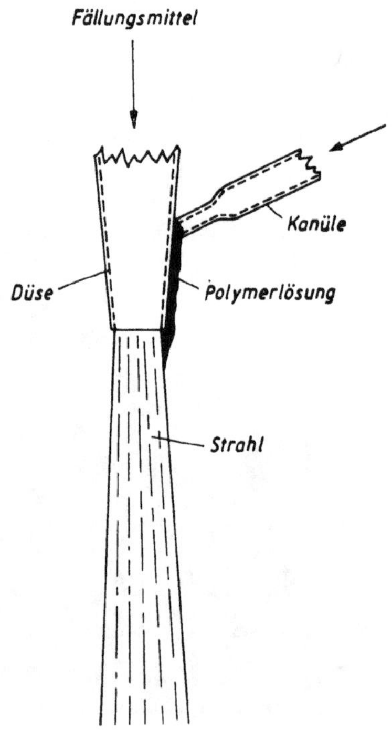

Bild 2. Schematische Darstellung der Strahlfällung

$$V_{H_2O} = 4{,}0\ \mathrm{l/min^{-1}} \triangleq 25\ \mathrm{ms^{-1}},$$

$$V_L = 0{,}01\ \mathrm{l/min^{-1}},$$

Düsendurchmesser = 2 mm,
Strahllänge = 25 cm,
*Reynold*zahl = 28000.

Die Polymerlösung bestand aus Polyamidgranulat, gelöst in 85%iger Ameisensäure. Die Polymerkonzentration wurde im Bereich von 6 bis 12 Masse-% variiert. Die Morphologie der erhaltenen Fibride war im untersuchten Bereich konzentrationsunabhängig. Der Durchmesser lag zwischen 1 bis 10 µm, und die Länge der Fibride betrug 1 bis 5 mm.

4. *Überprüfung des Modells*

Im folgenden soll nun geprüft werden, ob die in der gewählten apparativen Anordnung auftretenden Bedingungen das Modell bestätigen.

Das wesentlichste Kriterium dürfte der Stoffübergang des Fällungsmittels in die Polymerlösung und damit die Überschreitung der Löslichkeitsgrenze des gereckten Polymermoleküls sein, die vor der erneuten Verknäuelung der Ketten erfolgen muß.

Der Stoffübergang m ist proportional der Austauschfläche F, der Berührungszeit t und der Konzentrationsdifferenz ΔC, d. h. der Triebkraft:

$$m = kFt\Delta C. \tag{1}$$

Der Proportionalitätsfaktor k, die Stoffübergangszahl, läßt sich unter Anwendung der Penetrationstheorie nach der Gleichung

$$k = 2\sqrt{\frac{D}{\pi t}} \tag{2}$$

berechnen.

Zur Abschätzung der Größe der Austauschfläche F und der Berührungszeit t sollen die Strömungsverhältnisse an der Düse näher untersucht werden (Bild 3).

Für die ablaufende Polymerlösung gelten die Gesetzmäßigkeiten des laminaren Rieselfilms. Der laminare Rieselfilm wird durch drei Parameter charakterisiert:

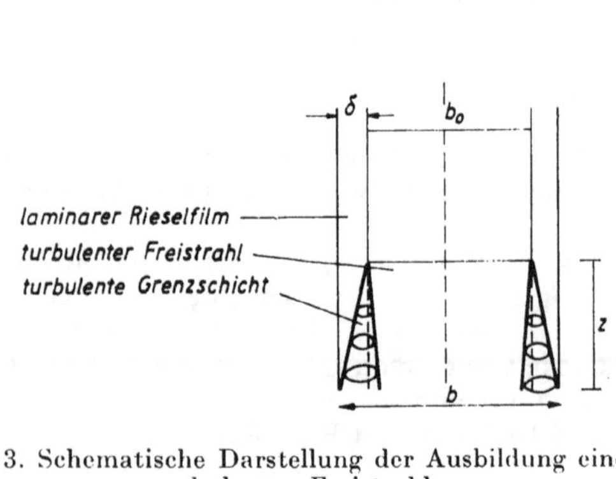

Bild 3. Schematische Darstellung der Ausbildung eines turbulenten Freistrahls.
δ: Rieselfilmdicke, z: Länge der Mischzone,
b_0: Düsenbreite, b: Strahlbreite am Ende der Mischzone

Die Geschwindigkeit

$$W = \sqrt[3]{\frac{g \cdot \dot{V}^2}{3U^2\nu}}, \tag{3}$$

den Volumendurchsatz

$$\dot{V} = U\delta[\overline{W}] \tag{4}$$

und die Rieselfilmdicke

$$\delta = \sqrt[3]{\frac{3\dot{V}\nu}{gU}}. \tag{5}$$

Darin bedeuten:

$\dot{V}$ — Volumendurchsatz,
U — Rieselfilmbreite,
δ — Rieselfilmdicke,
ν — kinematische Zähigkeit,
g — Erdbeschleunigung.

Für unsere Verhältnisse ergibt sich die Dicke des Rieselfilms $\delta = 0{,}15$ mm. Die mittlere Geschwindigkeit liegt bei $\overline{W} = 0{,}06$ m/s. Wir nehmen an, daß der Rieselfilm, bestehend aus Polymerlösung, laminar als Umhüllung des aus der Düse austretenden Strahls weiterströmt, bis er durch die Strahlaufweitung des entstehenden turbulenten Freistrahls vollkommen von diesem verwirbelt wird. Für die Zunahme der Strahlbreite gilt

$$b = b_0 + 0{,}29 \cdot z. \tag{6}$$

Unter unseren Bedingungen beträgt die Strahlbreite am Ende der Mischungszone

$$b = b_0 = 2\delta = 2{,}3 \text{ mm}. \tag{7}$$

Daraus folgt für die Länge der Mischungsstrecke $z = 1$ mm.

Da die Strömungsgeschwindigkeit des Strahles 25 m/s beträgt, bedeutet das, daß die Mischungsstrecke in $4 \cdot 10^{-5}$ s durchströmt ist. Zur Abschätzung der Größe der Austauschfläche wollen wir annehmen, daß die turbulente Grenzschicht von kugelförmigen Wirbeln gebildet wird, deren Oberfläche aus der mitgerissenen Polymerlösung besteht.

Aus den dargestellten Größenverhältnissen kann man abschätzen, daß der durchschnittliche Radius der Kugeln in der Größenordnung von etwa 0,05 mm liegt. Für das Volumen der gesamten Mischungszone ergibt sich damit etwa 1 mm^3, d. h., daß in der Mischungszone ständig ca. $2 \cdot 10^3$ wirbelförmige Gebilde vorhanden sind, deren Oberfläche von Polymerlösung gebildet wird, und an denen die Diffusion von Wasser in die Polymerlösung stattfindet. Die gesamte Austauschfläche beträgt folglich in der Mischzone ~ 1 cm^2. Damit sind alle Größen zur Berechnung der übergehenden Stoffmenge vorhanden.

Für die Stoffübergangszahl ergibt sich ein Wert von 0,6 cm s^{-1}, und die in die Lösung übergehende Menge des Fällungsmittels beträgt $1{,}3 \cdot 10^{-6}$ mol.

Auf Grund des Volumens der Polymerlösung in der Mischungszone ($\sim 0{,}5$ mm^3) ergibt sich eine Konzentration von ~ 3 mol/l Wasser in der Polymerlösung.

Die Abschätzung zeigt, daß mit dem aufgestellten Modell eine Konzentration des Fällungsmittels in der Polymerlösung erreicht wird, die zur Überschreitung der Löslichkeitsgrenze der Polymere führt. Eine genauere Berechnung ist auf Grund der vereinfachten Annahmen nicht möglich. Dazu müßten die einzelnen Parameter in weiteren Versuchsreihen variiert werden, um die abgeschätzten Größen (z. B. Austauschfläche) zu konkretisieren. Mit dem entwickelten Modell läßt sich jedoch der Einfluß der einzelnen Parameter (Strömungsgeschwindigkeit des Fällungsmittels und der Polymerlösung, Düsenbreite, Löslichkeit des Polymer, Viskosität und Diffusionskoeffizient) auf die Strahlfällung darstellen.

5. *Eigenschaften der Fibride*

Die hervorstechendste Eigenschaft der Polyamidfibride resultiert aus dem hohen Bindungsvermögen. Sie kann sich nachteilig auswirken, da die reinen Polyamidfibride eine Flockungstendenz zeigen. Durch den Einsatz geeigneter Dispergiermittel kann diese Tendenz zurückgedrängt werden.

Positiv wirkt sich das hohe Bindungsvermögen aus, indem die Polyamidfibride sehr gut geeignet sind, beständige Kombinationen mit Fasern zu bilden, die ebenfalls Wasserstoffbrücken bilden können, wie z. B. Polyamid- und Cellulosefasern.

Wenn Faserkombinationen gewählt werden, wo keine Wasserstoffbrückenbindungen möglich sind, geht das Bindungsvermögen zurück.

Die mikroskopische Auswertung der mit Fibriden kombinierten Faserstoffe zeigen nicht nur eine punktförmige Vernetzung der Faserkreuzungsstellen, sondern auch die Ausbildung von spannsegelförmigen Verknüpfungen (Bild 4). Das hat zur Folge,

1. daß die Fibride ihr Bindungsvermögen an den Verknüpfungsstellen voll zur Geltung bringen können,
2. daß Hohlräume entstehen, die zu einer porösen durchlässigen Struktur führen, wobei der voluminöse Vliescharakter erhalten bleibt.

Dies weist auf die besondere Eignung der Fibride zur Naßvliesstoff-Herstellung hin.

Die Kombinierbarkeit mit Zellstoff und Viskosestapelfasern fördert vor allem die Entwicklung solcher Artikel, für die eine ausreichende Hydrophilie gefordert wird, z. B. Trägermaterialien für Syntheseleder.

In Zusammenarbeit mit dem VEB Vereinigte Papierfabriken Heidenau konnten die erzeugten Fibride auf einer kleintechnischen Schrägsiebanlage getestet werden. Aus dem umfangreichen Versuchsmaterial wollen wir einige Ergebnisse vorstellen.

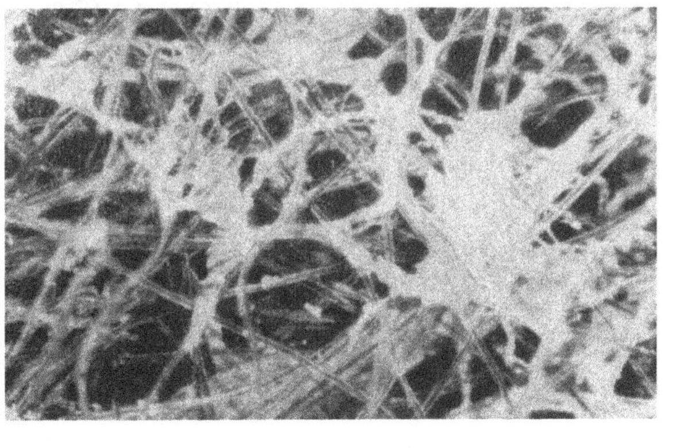

Bild 4. Spannsegelförmige Verknüpfungen zwischen PA-Fasern und PA-Fibriden; 90:10 Masse-%

Tabelle 1. Mechanisch-technologische Eigenschaften verschiedener Faservliese

		Viskosestapelfaser 90%		PA-Stapelfaser 90%	
		Zellstoff 10%	PA-Fibrid 10%	PA-Fibrid 10%	PA-Fibrid 10% sat.
Flächenmasse	gm^{-2}	94	91	94	100
Rohdichte	$kg\ dm^{-3}$	0,22	0,27	0,27	—
Reißkraft	kp	0,68	0,88	1,28	4,06
Reißlänge	m	146	194	273	797
Bruchdehnung	%	0,9	1,7	2,2	7,3
Durchreißwiderstand	p	41,1	35,2	42,6	144

So wurde der Einfluß verschiedener Binder auf die mechanisch-technologischen Eigenschaften von Viskosestapelfasern untersucht.

Da die Viskosestapelfaser bekanntlich kein Eigenbildungsvermögen besitzt, müssen zur Vliesbildung ~ 10% Binder zugesetzt werden.

Die Spalten 1 und 2 (Tabelle 1) zeigen den Vergleich zwischen Zellstoff bzw. Fibrid als Binder bei Viskosestapelfasern.

Es zeigt sich, daß ein Zusatz von PA-Fibriden dem Vlies höhere allgemeine Festigkeiten verleiht als dies mit Zellstoff erreicht wird.

Ein Austausch der Viskosestapelfasern durch PA-Stapelfasern bringt zwar einen Erfolg im Hinblick auf die Festigkeit, aber im trockenen Zustand nicht den Festigkeitsgewinn, der, ausgehend von den Festigkeiten der eingesetzten Fasern, zu erwarten wäre (Spalten 2 und 3).

Zur Erhöhung der Festigkeit müssen die Bindungen des Polyamids auf dem Kalander durch Hitze- und Druckeinwirkung verstärkt werden.

Bild 6 zeigt die Strukturverdichtung beim Kalandrieren in der oben genannten Fasermischung gegenüber der nichtkalandrierten Probe im Bild 5.

Der allgemeine Anstieg der Festigkeit um das Drei- bis Fünffache wird auch bei Vliesen mit Viskosestapelfasern beobachtet. Trotz der Strukturverdichtung, gemessen an der Zunahme der Flächenmasse, bleibt das Flächengebilde offenporig.

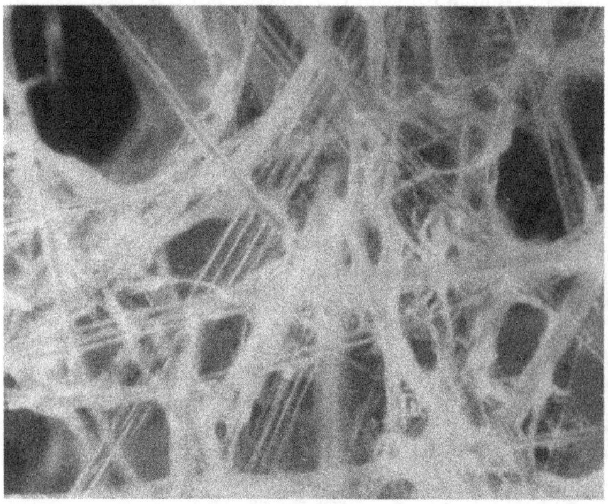

Bild 5. Naßvliesstoffe aus PA-Stapelfasern und PA-Fibriden; 90 : 10 Masse-%; nicht satiniert

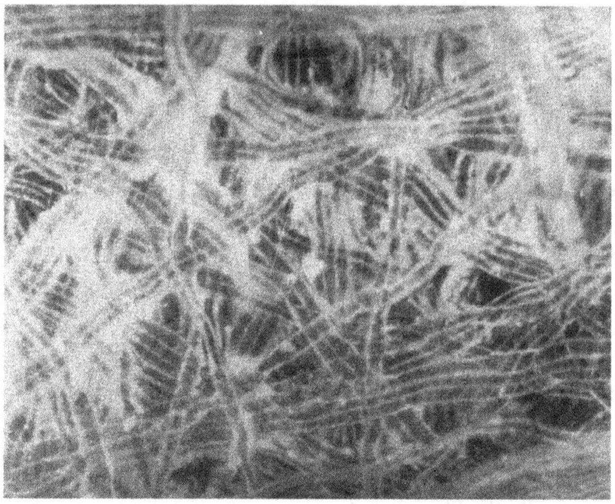

Bild 6. Wie Bild 5; satiniert bei $t = 150\,°C$

6. Schlußfolgerungen

Die Strahlfällung ist ein neues Verfahren zur Herstellung blattbildender Polymere.

Je nach der Art der eingesetzten Polymere und deren Konzentration in Kombination mit anderen Komponenten gelingt es, die Eigenschaften in weiten Grenzen zu variieren und an spezielle Probleme anzugleichen.

Da Sekundärrohstoffe keine negativen Veränderungen hinsichtlich der Qualität der Produkte bringen, kann der Preis relativ niedrig gehalten werden, so daß auch kurzlebige Artikel und Wegwerfprodukte hergestellt werden können.

In naher Zukunft kommt es vor allem darauf an, die Herstellungstechnologie zu optimieren und die Palette der hinzuzusetzenden Polymere und Kombinationen zu erweitern.

Literatur

[1] Produktion von Polyolefin-Folienfasern. Chemiefasern/Textil-Ind. **23/75** (1973) 9, S. 788.

[2] *Hubig, H. P.:* Herstellung von Fibriden aus synthetischen Polymeren und deren Eignung zur Herstellung von Papier und Naßvließstoffen. Diplomarbeit TU Dresden, Sektion Chemie, 1974.

[3] Autorenkollektiv: Lehrbuch der chemischen Verfahrenstechnik. Leipzig: Deutscher Verlag der Grundstoffindustrie 1973.

Eingegangen am 20. Juni 1975

Faserforschung und Textiltechnik 26 (1975) Heft 12
Zeitschrift für Polymerforschung

Zur Interpretation der Lichtstreuung an mäßig konzentrierten Polymerlösungen

Teil II. Einfluß einer Vorzugsorientierung[1])

Herbert Dautzenberg

Akademie der Wissenschaften der DDR, Institut für Polymerenchemie in Teltow-Seehof, Abteilung Polymerphysik

DK 678.4/.8—404.5:535.36:678.027.98:519.241.6:539.193

Die Auswertung der experimentellen Streukurven mäßig konzentrierter Polymerlösungen deutete darauf hin, daß die interpartikuläre Streufunktion mit wachsendem Streuwinkel schwächer abfällt als die innerpartikuläre Streufunktion. Modellrechnungen an Rotationsellipsoiden zeigen, daß sich dieses Verhalten durch eine bevorzugte Parallelorientierung der nichtkugelsymmetrischen Knäuel bei kleinen Abständen der Molekülschwerpunkte deuten läßt.

К интерпретации светорассеяния умеренно концентрированными растворами полимеров. Часть II. Влияние предпочтительной ориентации

Обработка экспериментальных кривых светорассеяния умеренно концентрированными растворами полимеров указывает, что с увеличением угла рассеяния функция межмолекулярного рассеяния убывает менее интенсивно, чем функция внутримолекулярного рассеяния. Как показывают модельные расчеты для ротационных эллипсоидов, такое поведение можно объяснить предпочтительной параллельной ориентацией несферо-симметричных клубков при небольших расстояниях между центрами тяжести молекул.

Interpretation of Light Scattering on Moderately Concentrated Solutions. Part II. Effect of Preferential Orientation

The evaluation of experimental scattering plots obtained with moderately concentrated solutions proved the interparticular scattering function to decrease slighter than the intraparticular scattering function with increasing scattering angle. Model calculations with rotational ellipsoids showed that this behaviour can be explained by preferential parallel orientation of coils having no spherical symmetry at low distances of molecular gravitation centres.

1. *Einleitung*

Bei der Interpretation der experimentellen Ergebnisse der Lichtstreuung an mäßig konzentrierten Polymerlösungen [1] stellte sich heraus, daß die Funktionen $f(h) = R(h)/P(h)$ $\left(h = \frac{4\pi}{\lambda} \sin \frac{\vartheta}{2}\right)$ mit wachsendem Streuwinkel ϑ schwach ansteigen. Dies steht im Widerspruch zu dem bei freier Orientierbarkeit zu erwartenden Verhalten. Für die innerpartikuläre Streufunktion $P(h)$ und die interpartikuläre Streufunktion $R(h)$ gelten die Relationen (vgl. [2]):

$$P(h) = \overline{A^2(h)}/V^2 \tag{1}$$

und

$$R(h) = \overline{A(h)}^2/V^2 \tag{2}$$

mit $A(h)$ — Gesamtamplitude des an einem Teilchen gestreuten Lichtes, V — Volumen des Teilchens. Die Mittelung hat über alle Teilchen und alle Orientierungen zu erfolgen. Setzt man ein monodisperses System voraus, so ist nur noch über die Orientierung zu mitteln. Bei freier Orientierbarkeit der Einzelpartikel und der Lage der Partikel gegeneinander ist in beiden Fällen die gleiche Mittelung durchzuführen. Dann gilt stets

$$P(h) \geqq R(h), \tag{3}$$

da in $P(h)$ zuerst quadriert und dann gemittelt wird, so daß sich keine Beiträge gegenseitig kompensieren können. Eine zusätzliche Mittelung über verschiedene Teilchengrößen liefert die gleiche Tendenz. Für kugelsymmetrische, monodisperse Teilchen sind die Relationen (1) und (2) identisch.

Als Deutungsmöglichkeit für das aus den experimentellen Ergebnissen abgeleitete Verhalten der Funktionen $f(h)$ verbleibt der Einfluß einer Vorzugsorientierung in der gegenseitigen Anordnung der Moleküle, die eine unterschiedliche Mittelung bezüglich $P(h)$ und $R(h)$ bedingen würde. Um den prinzipiellen Einfluß eines solchen Effektes abzuschätzen, sind wir davon ausgegangen, daß bei kleinen Abständen der Molekülschwerpunkte infolge der nichtkugelsymmetrischen Gestalt der Knäuel eine Parallelorientierung bevorzugt ist. Da die explizite Berechnung der Streufunktionen für solche Systeme auf größere mathematische Schwierigkeiten stößt, beschränken wir uns bei unseren Betrachtungen auf Modellrechnungen an Rotationsellipsoiden homogener Dichte. Dabei vernachlässigen wir zwar den bei realen Knäuelmolekülen auftretenden Abfall der Segmentdichte mit wachsendem Abstand vom Molekülschwerpunkt, können aber prinzipiell den Einfluß der Teilchenform und der Vorzugsorientierung erfassen.

[1]) Teil I siehe [1]

2. *Mathematische Aufgabenstellung*

Um das Verhalten von $P(h)$ und $R(h)$ bei freier Orientierbarkeit und bei Vorzugsorientierung in der gegenseitigen Partikelanordnung vergleichen zu können, ergeben sich drei Problemstellungen:

a) Berechnung von $P(h)$ bei freier Orientierbarkeit,
b) Berechnung von $R(h)$ bei freier Orientierbarkeit,
c) Berechnung von $R(h)$ bei Vorzugsorientierung.

Der Fall a) wurde schon von *Guinier* [3] betrachtet, der für $P(h)$ für Rotationsellipsoide folgenden Ausdruck ableitete:

$$P(h) = \int_0^{\pi/2} \Phi_K[Rhk(\theta)] \cos \theta d\theta \tag{4}$$

mit

$$\Phi_K[x] = \left[3 \frac{\sin x - x \cos x}{x^3}\right]^2 \quad \text{Streufunktion der Kugel} \tag{5}$$

und

$$k(\theta) = (\cos^2 \theta + v^2 \sin^2 \theta)^{1/2};$$

$v = \frac{a}{b}$ — Achsenverhältnis des Rotationsellipsoids (a — Halbachse in Richtung der Rotationsachse).

2.1. Berechnung von $R(h)$ bei freier Orientierbarkeit

Soweit uns bekannt ist, liegt für die Funktion $R(h)$ für Rotationsellipsoide in der Literatur noch keine Berechnung vor. Diese Funktion läßt sich jedoch unter der Voraussetzung freier Orientierbarkeit relativ leicht ableiten. In diesem Fall gilt für $R(h)$ (vgl. [1, 2]) die Gleichung:

$$R(h) = \left[\frac{1}{V}\int_0^\infty 4\pi s^2 \varrho(s)\,\frac{\sin hs}{hs}\,ds\right]^2. \tag{6}$$

Hierbei ist $\varrho(s)$ die mittlere Wahrscheinlichkeit, im Abstand s vom Partikelschwerpunkt ein Streuzentrum anzutreffen. Für eine Kugel homogener, normierter Dichte ist $\varrho(s) = 1$ für $0 \leqq s \leqq R$ und $\varrho(s) = 0$ für $s > R$. Gleichung (6) liefert nach Ausführung der Integration die bekannte Kugelstreufunktion $\Phi_K(hR)$.

Um die Funktion $\varrho(s)$ für Rotationsellipsoide zu berechnen, zerlegen wir das Ellipsoid in Kugelschalen um das Zentrum des Ellipsoids. Dann gilt für alle Abstände s, die kleiner als die kleine Halbachse b sind:

$$\varrho(s) = 1 \quad \text{für} \quad 0 \leqq s \leqq b. \tag{7}$$

Für Werte von $s > b$ ergibt sich $\varrho(s)$ als das Verhältnis der Flächen der durch das Rotationsellipsoid herausgeschnittenen beiden Kugelkappen zur Fläche der Gesamtkugel vom Radius s (vgl. Bild 1), d. h. für Rotationsellipsoide, deren große Halbachse in Richtung der Rotationsachse liegt, gilt:

$$\varrho(s) = \frac{4\pi s l}{4\pi s^2} = \frac{l}{s} \quad \text{für} \quad b \leqq s \leqq a. \tag{8}$$

Zur Berechnung von l kann man sich infolge der Rotationssymmetrie um die x-Achse auf den ebenen Fall beschränken. Die Größe l läßt sich dann aus der Schnittbedingung von Kreis und Ellipse berechnen, und man erhält für $\varrho(s)$ den Ausdruck

$$\varrho(s) = 1 - \left(\frac{1}{b^2} - \frac{1}{a^2}\right)^{-1/2}\left(\frac{1}{b^2} - \frac{1}{s^2}\right)^{1/2} \quad \text{für} \quad b \leqq s \leqq a \tag{9}$$

und

$$\varrho(s) = 0 \quad \text{für} \quad s > a.$$

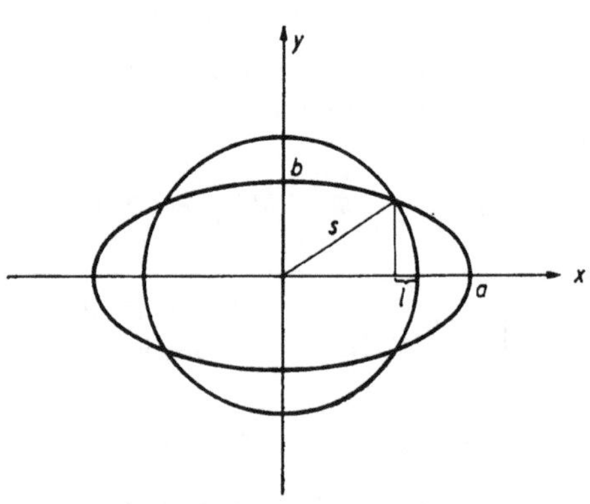

Bild 1. Schematische Darstellung zur Berechnung von $\varrho(s)$ für Rotationsellipsoide

Durch Einsetzen von (7) und (9) in Gleichung (6) folgt:

$$R(h) = \frac{1}{V^2}\left[4\pi\int_0^a s^2\,\frac{\sin hs}{hs}\,ds - 4\pi\left(\frac{1}{b^2} - \frac{1}{a^2}\right)^{-1/2} \times \int_b^a \left(\frac{1}{b^2} - \frac{1}{s^2}\right)^{1/2} s^2\,\frac{\sin hs}{hs}\,ds\right]^2. \tag{10}$$

Derselbe Ausdruck ergibt sich durch analoge Betrachtungen für den Fall, daß die in Richtung der Rotationsachse liegende Halbachse a kleiner als die Halbachse b ist.

Während das erste Integral im Ausdruck (10) das gleiche ist wie bei der Ableitung der Kugelstreufunktion Φ_K, läßt sich das zweite Integral nicht explizit integrieren. Zur numerischen Auswertung wurde deshalb der Ausdruck

$$R(h) = \frac{9}{a^2 b^4}\left[\frac{\sin ha - ha\cos ha}{h^3} - (a^2 - b^2)^{-1/2} \times \frac{a}{h}\int_b^a (s^2 - b^2)^{1/2}\sin hs\,ds\right]^2 \tag{11}$$

herangezogen.

2.2. Berechnung von $R(h)$ bei Vorzugsorientierung

Um den Einfluß einer Vorzugsorientierung zu erfassen, gehen wir von folgender Vorstellung aus. Bei starker Annäherung der Knäuelmoleküle und Überlappung wird, wie schon erwähnt, eine Parallelorientierung begünstigt sein. Die Vorzugsorientierung wird sich aber jeweils nur über kleine Bereiche in der Lösung erstrecken. Diese Bereiche besitzen gegenüber dem einfallenden Strahl wieder freie Orientierbarkeit. Wir werden deshalb die interpartikuläre Streuintensität von zwei fest gegeneinander orientierten Rotationsellipsoiden betrachten, deren Schwerpunkte sich im Abstand l voneinander befinden und die als Gesamtsystem gegenüber dem einfallenden Strahl frei orientierbar sind. Dann gilt für die auf 1 normierte, interpartikuläre Streuintensität:

$$I = \frac{1}{V^2}\int_0^\infty p(r)\,\frac{\sin hr}{hr}\,dr \tag{12}$$

mit V — Volumen eines Rotationsellipsoids und $p(r)$ — Verteilungsfunktion der interpartikulären Abstände. Bei freier Orientierbarkeit entspricht dieser Funktion der Ausdruck

$$I_{F0} = R(h)\cdot\frac{\sin hl}{hl}, \tag{13}$$

wobei $R(h)$ durch Gleichung (11) gegeben wird.

Zur Beurteilung des Orientierungseffektes sind die Funktionen (12) und (13) miteinander zu vergleichen. Ein Vergleich von $R(h)$ mit dem Ausdruck $\frac{hl}{\sin hl}\cdot I$ ist nicht sinnvoll, da sowohl die Funktion I als auch die Funktion $\sin hl$ Nullstellen besitzen, die im Fall von I_{F0}

exakt zusammenfallen ($R(h)$ stets positiv), aber sonst gegeneinander verschoben sein können. Dies würde zum Auftreten von Polstellen im Ausdruck $\frac{hl}{\sin hl} \cdot I$ führen.

Das Hauptproblem bei der Berechnung von I liegt in der Ermittlung von $p(r)$. Für den Fall von zwei Kugeln mit dem Durchmesser D im Abstand l voneinander ist dieses Problem noch direkt lösbar (s. z. B. [4]). Man erhält den schon recht komplizierten Ausdruck

$$p(r) = \frac{4\pi r^2 \cdot V}{20 l r}\left[D^2 - 5(r-l)^2 + \frac{1}{D^3} \times \left(5D^5 - (r-l)^2(r-l)^3\right)\right]. \quad (14)$$

Einsetzen von (14) in Gleichung (12) und Ausführung der Integration liefert, wie zu erwarten, den Ausdruck

$$I_K = \Phi_K(hR) \cdot \frac{\sin hl}{hl}. \quad (15)$$

Die Berechnung von $p(r)$ für zwei Kugeln im Abstand l voneinander in Form eines analytischen Ausdrucks ist nur infolge der hohen Symmetrie des Problems möglich, die zwangsläufig auf eine reine l-Abhängigkeit führen muß. Bei nichtkugelsymmetrischen Körpern wird $p(r)$ bei fester Orientierung der Körper gegeneinander außer vom Abstand l der Schwerpunkte auch von den Orientierungswinkeln abhängen. Schon für den einfachen Fall von Rotationsellipsoiden ist die explizite Berechnung von $p(r)$ in allgemeiner Form nicht mehr möglich. Wir haben deshalb versucht, $p(r)$ für spezielle gegenseitige Orientierungen zu berechnen, jedoch auch dieses Problem führt auf komplizierte, analytisch nicht mehr durchführbare Mehrfachintegrationen. Deshalb wurde ein anderer Weg beschritten und $p(r)$ für die beiden im Bild 2 angegebenen Fälle der Parallelorientierung nach einem numerischen Verfahren berechnet. Dabei variierten wir den Abstand l der Ellipsoidschwerpunkte und das Achsenverhältnis der Ellipsoide. Die numerische Abzählung der Abstandsstatistik $p(r)$ beruht auf einer Unterteilung der Ellipsoide in Zellen und der Berechnung der Abstände zwischen jeder Zelle des Ellipsoids I zu jeder Zelle des Ellipsoids II. Die Rechnungen wurden mit dem Rechner Cellatron C 8205 durchgeführt. Auf das von uns verwendete Rechenverfahren wird in einer weiteren Veröffentlichung eingegangen.[2])

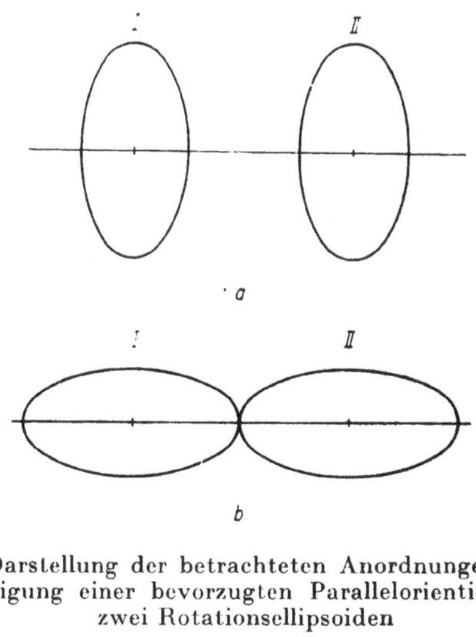

Bild 2. Darstellung der betrachteten Anordnungen zur Berücksichtigung einer bevorzugten Parallelorientierung von zwei Rotationsellipsoiden

3. *Ergebnisse der Modellrechnungen*

Zunächst betrachten wir die Streufunktionen $P(h)$ und $R(h)$ bei freier Orientierbarkeit. Die Auswertung der Gleichungen (4) und (9) erfolgte nach der *Romberg*-Integration mit dem Rechner Hewlett-Packard HP 9820. Die Genauigkeitsschranke für die Integration wurde so gewählt, daß die berechneten Werte in Gleitkommadarstellung mindestens auf drei Stellen sicher sind. Die Rechnungen wurden für zwei Rotationsellipsoide mit den Halbachsen (500 Å, 500 Å, 1000 Å) und (400 Å, 400 Å, 1200 Å) durchgeführt. Die Ergebnisse sind in den Bildern 3 und 4 dargestellt. Der Wertebereich von h läuft bis $1 \cdot 10^{-2}$ Å^{-1}. Da die Dimensionen der Rotationsellipsoide vergleichbar groß zu den realen Knäueldimensionen der untersuchten Proben gewählt wurden, ist der betrachtete h-Bereich völlig ausreichend, um das für die Lichtstreuung interessante hl-Intervall zu erfassen. Für $\vartheta = 180°$ gilt z. B. bei Messungen in Benzol mit der grünen Quecksilberlinie ($\lambda_0 = 5460$ Å) $h = 3{,}45 \times 10^{-3}$ Å^{-1}.

Vergleicht man die Kurven für $P(h)$ und $R(h)$ in den Bildern 3 und 4 miteinander, so ergeben sich zwei wichtige Aussagen. Erstens nimmt die Differenz zwischen den Kurven $P(h)$ und $R(h)$, wie zu erwarten war, mit wachsender Exzentrizität der Ellipsoide zu, und zweitens sind die Abweichungen zwischen diesen Kurven bei nicht zu hohen Werten von h sehr klein. Sie liegen bei $h = 3 \cdot 10^{-3}$ bei wenigen Prozent und sind für das Ellipsoid mit den Achsen (500 Å, 500 Å, 1000 Å) in diesem Bereich praktisch zu vernachlässigen. Diese Tatsache stimmt nicht mit den in der Literatur für Knäuelmoleküle angegebenen Funktionen $P(h)$ und $R(h)$ überein, die bei vergleichbaren Dimensionen schon bei kleinen Werten von h starke Abweichungen voneinander zeigen (vgl. [1]). Nach dem Segmentmodell

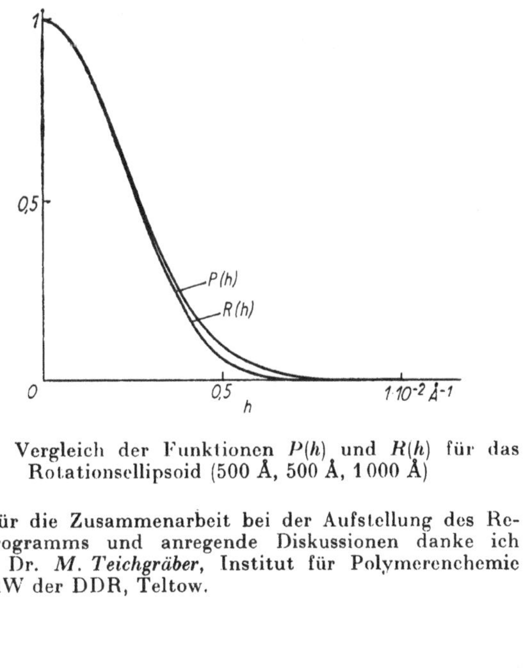

Bild 3. Vergleich der Funktionen $P(h)$ und $R(h)$ für das Rotationsellipsoid (500 Å, 500 Å, 1000 Å)

[2]) Für die Zusammenarbeit bei der Aufstellung des Rechenprogramms und anregende Diskussionen danke ich Herrn Dr. *M. Teichgräber*, Institut für Polymerenchemie der AdW der DDR, Teltow.

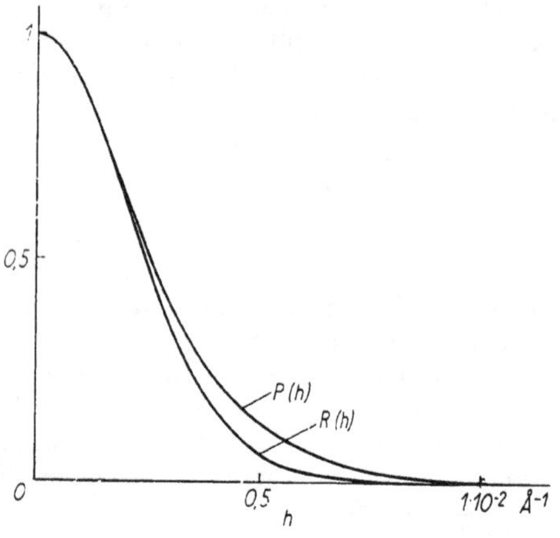

Bild 4. Vergleich der Funktionen $P(h)$ und $R(h)$ für das Rotationsellipsoid (400 Å, 400 Å, 1200 Å)

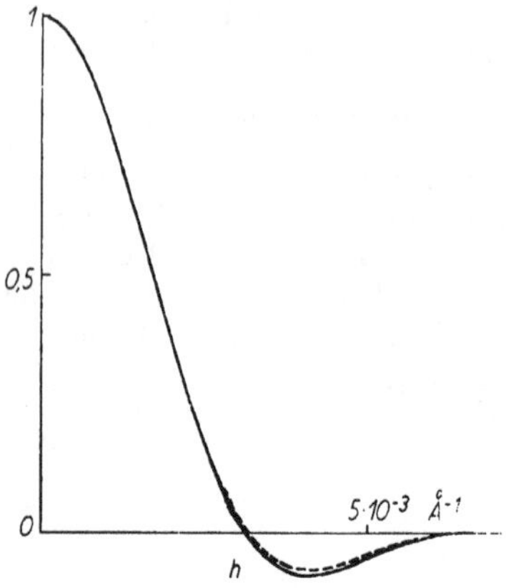

Bild 6. Vergleich der Kugelstreufunktion $\Phi_K(hR) \cdot \frac{\sin hl}{hl}$ (ausgezogene Kurve) mit der aus $p(r)$ (Zellenmodell) berechneten Intensitätsfunktion (gestrichelte Kurve)

ergibt sich jedoch (s. z. B. [5]), daß ein Knäuelmolekül etwa doppelt so lang wie dick ist. Berücksichtigt man noch, daß die Segmentdichte in den Randbezirken des Knäuels stark abfällt, dann ist nicht zu erwarten, daß die Abweichung der Knäuelgestalt von einer kugelsymmetrischen Verteilung größer ist als bei dem Rotationsellipsoid mit dem Achsenverhältnis 1:2. Wahrscheinlich wird der Einfluß der Dissymmetrie durch die bei der Berechnung von $R(h)$ für Knäuel verwendeten Näherungen überschätzt.

Unser Vorgehen in Arbeit [1], bei der Interpretation der experimentellen Streukurven in erster Näherung $P(h) = R(h)$ zu setzen, erhält somit durch das obige Resultat eine zusätzliche Rechtfertigung.

Im folgenden Abschnitt werden wir auf die Ergebnisse der numerischen Berechnungen der interpartikulären Abstandsstatistik $p(r)$ und der daraus nach Gleichung (12) berechneten Streufunktionen eingehen. Um die Genauigkeit der verwendeten Rechenverfahren zu testen, wurden $p(r)$ und I für zwei sich berührende Kugeln mit einem Durchmesser von 1000 Å berechnet. Für den Fall von Kugeln sind die Funktionen $p(r)$ und I in analytischer Form bekannt (s. Gleichung (14) und (15)). Im Bild 5 sind die nach dem Zellenmodell berechneten Werte (Punkte) mit der exakten Funktion $p(r)$ (ausgezogene Kurve) verglichen. Die Übereinstimmung ist im

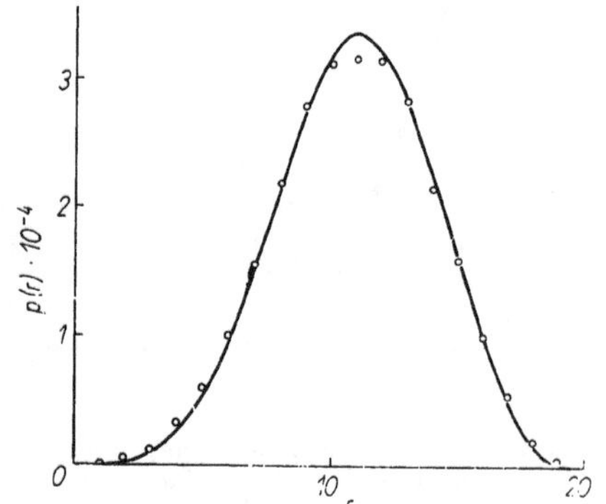

Bild 5. Vergleich der exakten Funktion $p(r)$ (ausgezogene Kurve) mit den nach dem Zellenmodell berechneten Werten (Punkte) für zwei Kugeln mit dem Radius $R = 5$ im Abstand $l = 10$

gesamten Kurvenbereich sehr gut. Dieses Ergebnis spiegelt sich auch im Verhalten der Streufunktionen I wider, die im Bild 6 angegeben sind. Die entsprechend Gleichung (12) durch numerische Integration mit der HP 9820 nach der *Simpson*schen Regel berechnete Streufunktion (gestrichelte Linie) stimmt praktisch völlig mit der exakten Streufunktion (15) für Kugeln überein. Nur bei größeren h-Werten treten geringfügige Abweichungen auf. Somit liefern die angewendeten numerischen Verfahren keine Verfälschung der Ergebnisse.

Zur Erfassung des Orientierungseffektes in Abhängigkeit vom Schwerpunktabstand und dem Achsenverhältnis der Rotationsellipsoide wurden für die im Bild 2 angegebenen gegenseitigen Anordnungen die Funktionen $p(r)$ für Ellipsoide mit den Achsen (5, 5, 10) und (4, 4, 12) bei verschiedenen Werten von l berechnet. Die Werte von l haben wir so gewählt, daß der Bereich von $l = 0$ bis $l = 2b$ (b — große Halbachse) überstrichen wurde. Dadurch konnte sowohl der Orientierungseffekt als auch der Einfluß der Überlappung auf $p(r)$ erfaßt werden.

Die Kombination der beiden Effekte erscheint uns im Hinblick auf die Aussagen für die sich gegenseitig in starkem Maße durchdringenden Knäuelmoleküle besonders wichtig. Dabei ist klar, daß im Vergleich zu den Knäuelmolekülen der Überlappungseffekt bei den Rotationsellipsoiden homogener Dichte überbetont wird, da sich bei den Knäuelmolekülen insbesondere die Bereiche niedriger Segmentdichte überlagern. Es geht in diesem Fall jedoch nicht um die Erzielung einer quantitativen Übereinstimmung, sondern um die prinzipielle Beurteilung der Auswirkung der beiden oben genannten Effekte.

Da die Ergebnisse für die Ellipsoide (5, 5, 10) und (4, 4, 12) qualitativ gleich sind, geben wir nur die $p(r)$-Kurven für den ersten Fall an. Im Bild 7a sind die $p(r)$-Kurven für die Anordnung von Bild 2a dargestellt, die im weiteren durch || gekennzeichnet wird und in Bild 7b die der Anordnung 2b (--) entsprechenden Funktionen. Für l wurden die Abstände $l = 0, 5, 10, 15$ und 20 gewählt. Bei der Anordnung || ergibt sich daraus nur für die Werte $l = 0$ und 5 eine Überlappung, die zu einer etwas steileren Kurvenform führt, während

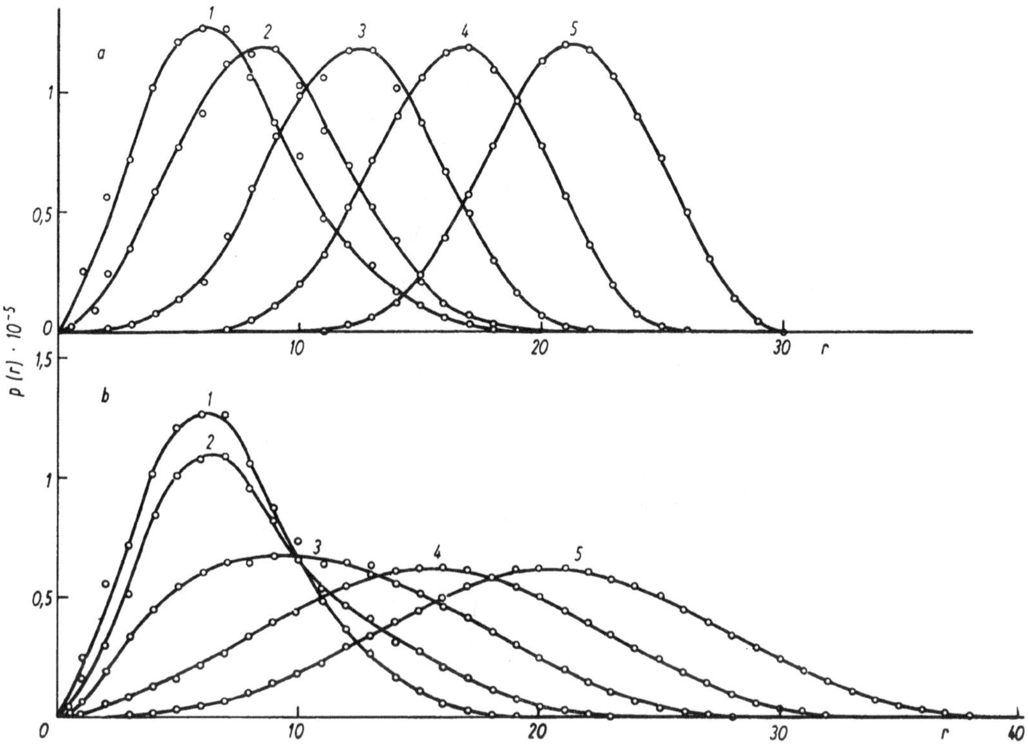

Bild 7. $p(r)$ für die Rotationsellipsoide (5, 5, 10)
1: $l = 0$, 2: $l = 5$, 3: $l = 10$, 4: $l = 15$, 5: $l = 20$.
a — für die Anordnung ‖ *b* — für die Anordnung - -

für die höheren l-Werte die Kurvenverläufe fast identisch und nur entsprechend der Zunahme von l gegeneinander verschoben sind. Dieses Bild ändert sich für die Ellipsoide in der Anordnung - - wesentlich. Hier tritt bis auf den Wert $l = 20$ eine Überlappung auf. Dementsprechend ändert sich die Kurvenform systematisch im gesamten Bereich, und die $p(r)$-Kurven verflachen kontinuierlich. Man findet somit für die beiden Anordnungen ‖ und - - bei größeren l-Werten sehr unterschiedliche $p(r)$-Funktionen. Die Auswirkungen dieser unterschiedlichen Kurvenverläufe auf das Streuverhalten lassen sich jedoch ohne explizite Berechnung der Intensitätsfunktionen nach Gleichung (12) nicht abschätzen.

Die numerische Integration wurde nach dem für die Kugeln angegebenen Verfahren durchgeführt. Die Ergebnisse der Rechnungen sind in den Bildern 8a bis d für das Rotationsellipsoid (5, 5, 10) und 9a bis d für das Ellipsoid (4, 4, 12) angegeben.

Zunächst sei noch darauf hingewiesen, daß wir als Länge einer Einheitszelle 100 Å wählten, so daß die Halbachsen der Ellipsoide (500 Å, 500 Å, 1000 Å) bzw. (400 Å, 400 Å, 1200 Å) betragen. In den Bildern sind jeweils die Funktionen $I_{F0} = R(h) \frac{\sin hl}{hl}$ bei freier Orientierbarkeit (Kurve 1), $I_{\|}$ (Kurve 2) und I_{--} (Kurve 3) miteinander verglichen. Die Kurvenverläufe in den Bildern 8 und 9 sind qualitativ gleich, so daß wir die grundlegende Diskussion anhand der Bilder 8a bis d führen.

Im Bild 8a fallen die Kurven I_{F0} und $I_{\|}$ praktisch zusammen, während die Kurve I_{--} schon bei kleinen Werten von h deutlich schwächer mit wachsendem h abfällt. Die Unterschiede in den Kurven 1 und 3 erreichen bei $h = 3 \cdot 10^{-3}$ Å^{-1} schon 30%, bezogen auf den Wert von Kurve 1. Dieser Unterschied liegt wesentlich über der Differenz zwischen $R(h)$ und $P(h)$ bei freier Orientierbarkeit, die bei $h = 3 \cdot 10^{-3}$ nur 5% beträgt (vgl. Bild 3), d. h. die interpartikuläre Streufunktion fällt bei der Anordnung - - auch wesentlich langsamer mit wachsendem h ab als die innerpartikuläre Streufunktion $P(h)$. Somit kann eine Partikelanordnung entsprechend Bild 2b zu dem von uns experimentell gefundenen Verhalten führen, daß die Funktion $f(h) = I \cdot \frac{hl}{\sin hl} \Big/ P(h)$ mit wachsendem h ansteigt. Dieser Effekt ist nicht an die starke Molekülüberlappung gebunden, wie die Bilder 8b bis d zeigen. In diesen Bildern fällt die Kurve 2 zwar etwas steiler ab als I_{F0}, dafür zeigt aber Kurve 3 einen wesentlich schwächeren Abfall, so daß unter der Annahme, daß beide Anordnungen ‖ und - - etwa gleich häufig realisiert sind, der schwächere Abfall von Kurve 3 dominiert. Diese Aussage gilt für alle betrachteten Schwerpunktabstände l.

Das Ellipsoid (400 Å, 400 Å, 1200 Å) liefert das gleiche Verhalten, wobei sich der Orientierungseffekt in diesem Fall noch stärker ausprägt (s. Bild 9a bis d), was auf Grund der höheren Exzentrizität zu erwarten war.

Wir möchten noch auf einen wichtigen Punkt hinweisen, der sich aus den Bildern 8 und 9 ergibt. Die Nullstellen der nach Gleichung (12) berechneten Funktionen stimmen nicht mehr mit den Nullstellen der

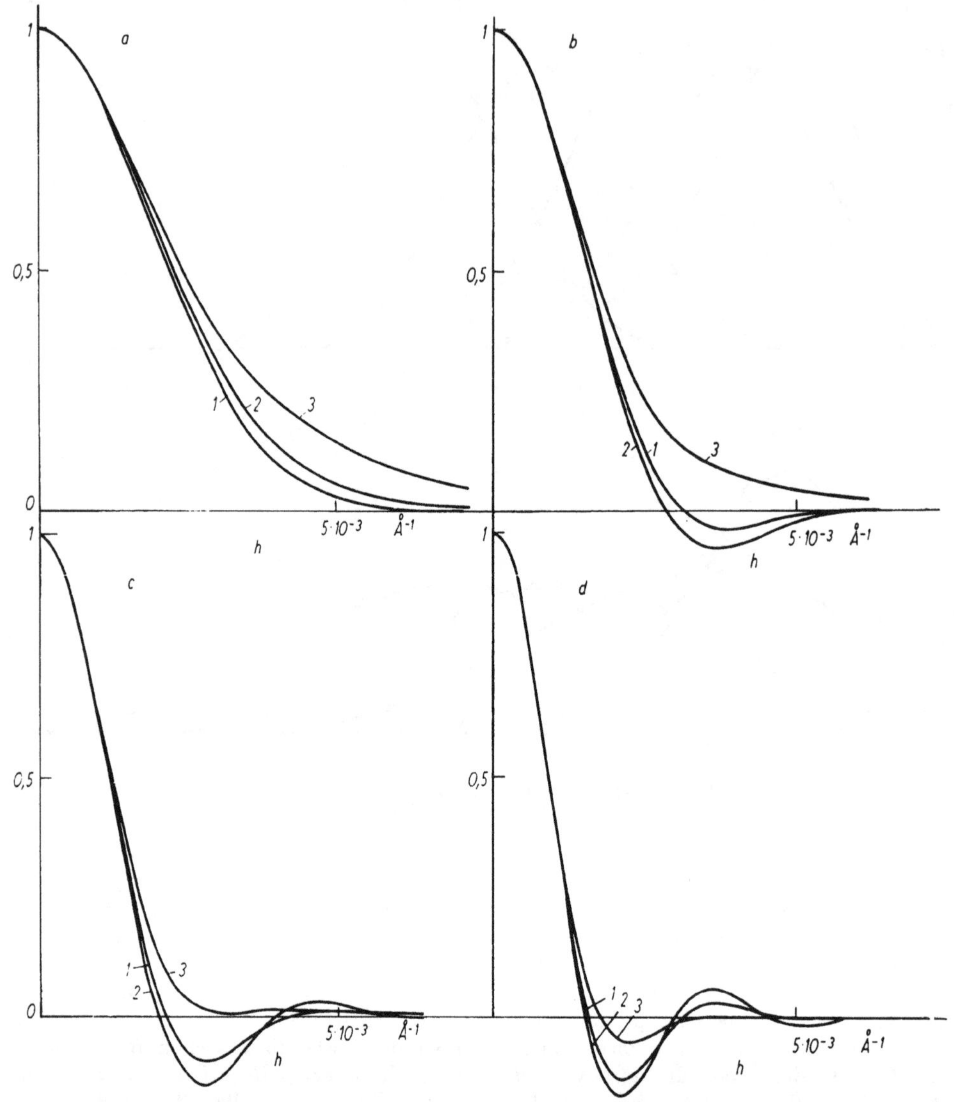

Bild 8. Gegenüberstellung der Funktionen I_{F0} (Kurve 1), $I_{\|}$ (Kurve 2) und I_{--} (Kurve 3) für die Rotationsellipsoide (500 Å, 500 Å, 1000 Å) bei *a*: $l = 500$, b: $l = 1000$, *c*: $l = 1500$ und *d*: $l = 2000$ Å

Funktionen $R(h) \dfrac{\sin hl}{hl}$ überein, die durch $\sin hl$ bestimmt sind. In der Umgebung der Nullstellen kann somit die Abtrennung des Faktors $\sin hl/hl$ zu einem unstetigen Verhalten des Restfaktors führen, so daß diese Abtrennung nicht mehr gerechtfertigt ist. Da bei der Interpretation unserer experimentellen Streukurven aber die zwischenmolekularen Interferenzen von Partikeln mit Schwerpunktsabständen unter 10^3 Å, d. h. hl-Werte unter π, die Hauptrolle spielen, kann man den Faktor $\sin hl/hl$ auch bei Vorzugsorientierung weiterhin formal von der interpartikulären Streufunktion abtrennen, ohne ein unstetiges Verhalten der verbleibenden Funktion zu verursachen. Außerdem ist das Auftreten der Nebenmaxima und -minima an eine sehr scharfe Monodispersität gebunden.

Abschließend möchten wir nochmals die wichtigsten Aussagen unserer Modellrechnungen über den Orientierungseffekt zusammenstellen. Eine bevorzugte Parallellagerung von Rotationsellipsoiden führt zu beträchtlichen Abweichungen zwischen den bei Vorzugsorientierung berechneten interpartikulären Streufunktionen und der Funktion I_{F0} bei freier Orientierbarkeit. Die Anordnung || (Bild 2a) ergibt bei nicht zu starken Überlappungen einen etwas steileren Abfall der Streufunktionen, verglichen mit I_{F0}, während die Anordnung -- (Bild 2b) einen wesentlich schwächeren Abfall mit wachsendem h bedingt. Dieser Effekt kann den von uns in Arbeit [1] gefundenen experimentellen Befund erklären, daß die Funktionen $f(h) = \dfrac{R(h)}{P(h)}$ mit wachsendem h ansteigen. Dafür ist aber notwendig, daß die Anordnungen -- in der Lösung hinreichend oft realisiert sind, wobei sie aber gegenüber der Anordnung || kein Übergewicht zu besitzen brauchen. Dieses Verhalten ist im Bereich der Knäuelüberlappungen plausibel, da die Knäuel in den Randbezirken in Längsrichtung eine niedrige Segmentdichte aufweisen, so daß eine Durchdringung der Knäuel in Längsrichtung verständlich ist.

Faserforschung und Textiltechnik 26 (1975) Heft 12
Zeitschrift für Polymerforschung

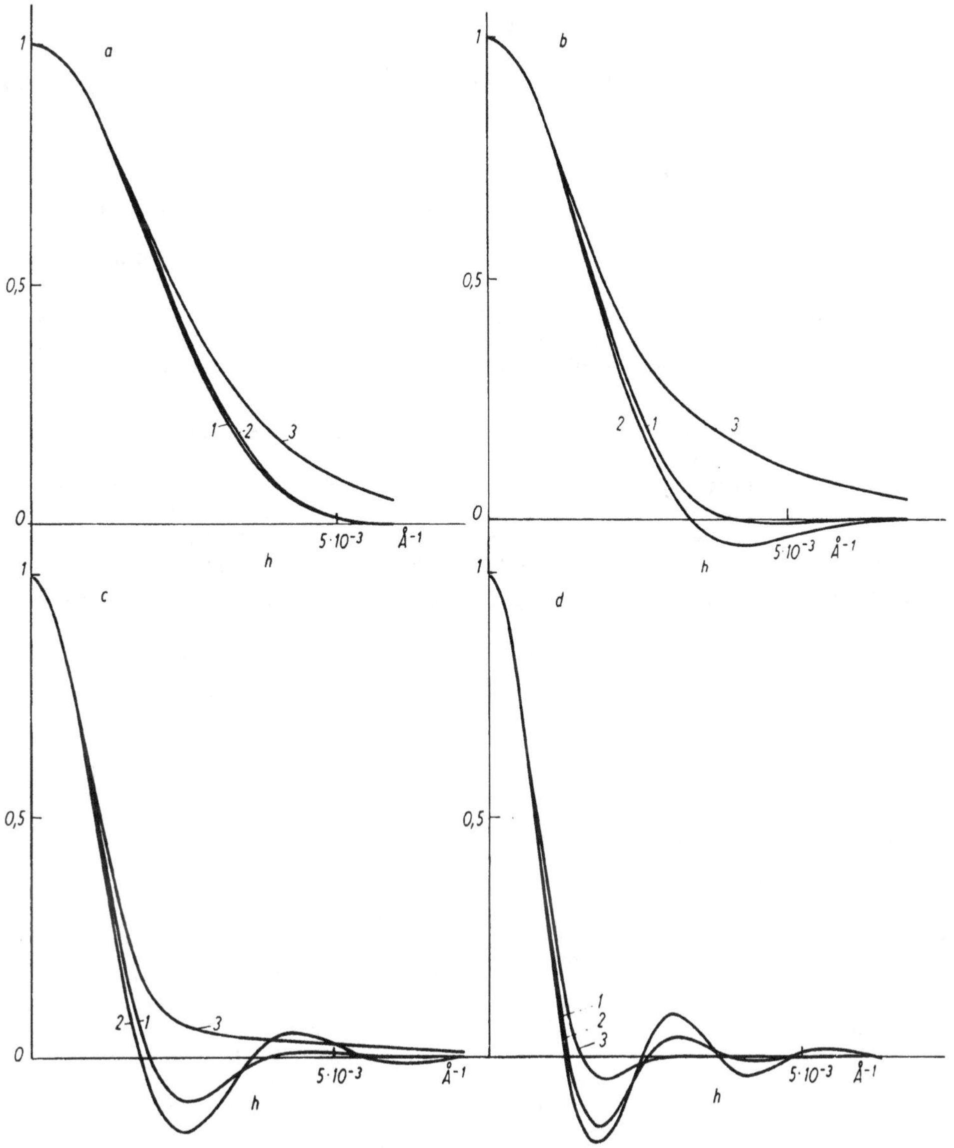

Bild 9. Gegenüberstellung der Funktionen I_{F0} (Kurve 1), $I_{\parallel}$ (Kurve 2) und I_{--} (Kurve 3) für die Rotationsellipsoide (400 Å, 400 Å, 1 200 Å) bei a: l = 400, b: l = 800, c: l = 1600 und d: l = 2400 Å

Literatur

[1] *Dautzenberg, H.:* Zur Interpretation der Lichtstreuung an mäßig konzentrierten Polymerlösungen. Teil I: Radiale Verteilungsfunktion der Molekülschwerpunkte. Faserforsch. u. Textiltechnik/Z. Polymerforsch. **26** (1975) 11, S. 551–559.

[2] *Guinier, A.,* und *Fournet, G.:* Small Angle Scattering of X-Rays. New York: J. Wiley & Sons 1955.

[3] *Guinier, A.:* La diffraction des rayons X aut tres petits angles. Ann. Physique **12** (1939) S. 161–210.

[4] *Schulz, G.:* Beiträge zur Theorie der Röntgenkleinwinkelstreuung polydisperser und dicht gepackter Systeme. Dissertation, Merseburg 1974.

[5] *Holzmüller, W.,* und *Altenburg, K.:* Physik der Kunststoffe. Berlin: Akademie-Verlag 1961, S. 97.

Eingegangen am 30. Mai 1975

Die Anwendung der Ätzung in der Glimmentladung für die elektronenmikroskopische Untersuchung polymerer Bikomponentensysteme

Eckhard Schulz[+] *und Zdeněk Pelzbauer*[++]

[+] *Akademie der Wissenschaften der DDR, Institut für Polymerenchemie in Teltow-Seehof*

[++] *Tschechoslowakische Akademie der Wissenschaften, Institut für Makromolekulare Chemie, Prag/ČSSR*

DK 677.494[Bikomp.]:678.675'126:678.674'524'420:537.525:537.533.35:539.22

Es wird über elektronenmikroskopische Untersuchungen an polymeren Bikomponentensystemen berichtet, deren morphologische Struktur mit Hilfe der Ätzung in der HF-Glimmentladung sichtbar gemacht wurde. Dabei wird aufgezeigt, welche Informationen über die Morphologie der Probe aus der freien Oberfläche, Schnitt- bzw. Bruchfläche erhalten werden können.

Применение травления в тлеющем разряде для электронномикроскопического исследования полимерных двухкомпонентных систем

Сообщаются результаты электронномикроскопического исследования полимерных двухкомпонентных систем, морфологическая структура которых обнаруживалась с помощью травления в высокочастотном тлеющем разряде. Указывается, в каком объеме можно получить информацию относительно морфологии образцов на основе изучения свободной поверхности, поверхности разреза и поверхности излома.

The Application of Etching in a Glow Discharge to the Electron Microscopic Investigation of Polymer Bicomponent Systems

Electron microscopic investigations were carried out with polymer bicomponent systems the morphological structure of which was made visible by etching in a high frequency glow discharge. The results obtained from the free surface, sectioned and broken surface of the samples are explained.

1. Einleitung

Das Interesse am Materialabbau mit Hilfe geladener Teilchen hat in den letzten Jahren durch den Einsatz dieses Verfahrens in der Industrie, z. B. zur Herstellung dünner Aufdampfschichten mittels Kathodenzerstäubung [1, 2] stark zugenommen. Daneben wird diese Methode zur Untersuchung von Festkörpern [3] sowie als Präparationsmethode für physikalische Meßmethoden, z. B. die Elektronenmikroskopie, verwendet. Die Hauptanwendungsgebiete des ionischen Abbaus in der Elektronenmikroskopie (EM) sind z. B. die Abdünnung nicht im EM durchstrahlbarer, schwer zu bearbeitender Präparate [4], der definierte Abbau von Oberflächen zur Charakterisierung der Proben [3, 5] sowie die Herstellung von relativ sauberen, dünnen anorganischen Schichten zum Studium ihrer Keimbildungs- und Wachstumsmechanismen [6]. Für elektronenmikroskopische Untersuchungen von polymeren Systemen läßt sich diese Präparationsmethode ebenfalls erfolgreich anwenden.

Mit der von *Jacobic* [7] entwickelten Methode, bei der für den definierten Oberflächenabbau an Polymeren im HF-Feld aktivierte thermische Ionen erzeugt und verwendet werden, gelingt eine artefaktfreie Probenpräparation, wie aus Untersuchungen vieler Autoren [6 bis 13] ersichtlich ist.

Temperaturunempfindlichere Polymere, z. B. Polytetrafluoräthylen, lassen sich auch ohne Artefakte (z. B. lokales Aufschmelzen einzelner Probenbereiche) mit schnellen Ionen präparieren [13].

Für die Untersuchung von Mehrkomponentensystemen läßt sich dieses von *Jacobic* angegebene Ätzverfahren mit Erfolg anwenden, da im allgemeinen komponentenspezifische Ätzstrukturen bei der Präparation zu erwarten sind und eine eindeutige Unterscheidung einzelner Phasen und ihrer Anordnung in der Probe möglich ist. Bisher wurden hauptsächlich Mehrkomponentensysteme, bestehend aus einem Polymer mit unterschiedlichen anorganischen Zusätzen [14], untersucht.

Ziel unserer Untersuchungen war es daher, die Verwendung des selektiven Abbaus von Einzelkomponenten, der mit dieser Präparationsmethode möglich ist, am Beispiel von rein polymeren Bikomponentensystemen zu prüfen, um damit die Kenntnisse der Morphologie-Eigenschaftsbeziehungen solcher Systeme zu erweitern.

2. Experimentelles

Für die Untersuchungen wurde Bulkmaterial (Borsten) mit folgender Zusammensetzung verwendet:

Probe I: Polyamid 6/Polyäthylenterephthalat,
Masseverhältnis 70/30,
Fördermenge des Extruders 25 g/min;

Probe II: Polyamid 6/Polyäthylenterephthalat,
Masseverhältnis 70/30,
Fördermenge des Extruders 7 g/min.

Diese Proben wurden mit einem Extruder hergestellt [15] (Temperatur 280 °C; Einlochdüse 0,25 mm Durchmesser, 0,25 mm Länge). Die Borsten wurden direkt unter der Düse (relaxiert) abgenommen.

Probe III: Polyamid 6/Polyamid 6.10,
Masseverhältnis 50/50.

Die Ätzungen in der HF-Glimmentladung wurden in einer Eigenbauapparatur [14] bei 18 MHz mit Luft als Reaktionsgas ausgeführt. Dabei behandelten wir freie Oberflächen, Quer- und Längsschnitte sowie Bruchflächen. Die Ätzzeiten lagen zwischen 0 und 120 min. Die Querschnitte (Schnittebene und Messerkante senkrecht zur Faserachse) und die Längsschnitte (Schnittebene und Messerkante parallel zur Faserachse) mußten mit einem Ultramikrotom angefertigt werden, da bei anderen Schnittverfahren wegen der Artefaktbildung in den zu untersuchenden Flächen keine Aussagen über die Probenmorphologie möglich waren.

Die Bruchflächen wurden bei ca. −180 °C erzeugt. Für die elektronenmikroskopische Untersuchung wurden von den behandelten Probenflächen Pt/C-Abdrücke mit BIODEN als Matrizenmaterial angefertigt, die sowohl in einem Transmissions- als auch in einem Rasterelektronenmikroskop untersucht wurden.

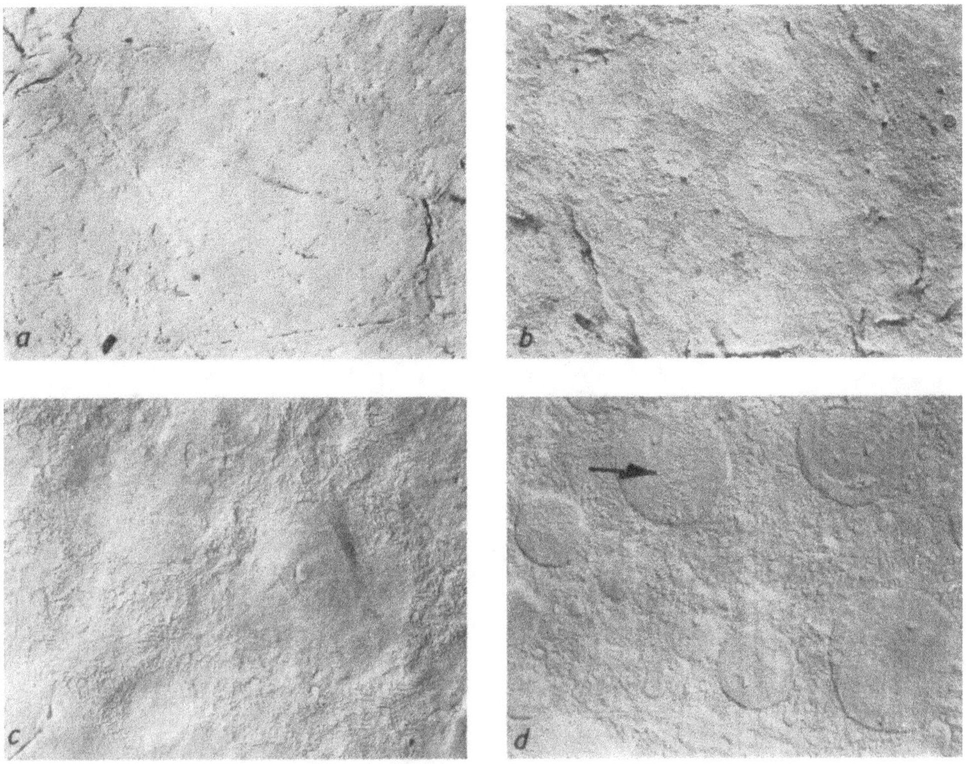

Bild 1. Morphologie der freien Oberfläche der Probe I.
a) 0 min geätzt (4500fach)
b) 10 min geätzt (4500fach)
c) 30 min geätzt (4500fach)
d) 60 min geätzt (3600fach)
e) 120 min geätzt (4500fach)

3. Ergebnisse und Diskussion

Die morphologische Struktur der Probe I ist aus kugelförmigen Aggregaten, die in einer Matrix eingebettet sind, aufgebaut, wie den elektronenoptischen Aufnahmen der verschiedenen, unterschiedliche Zeiten geätzten Probenflächen (Bilder 1, 2 und 3) zu entnehmen ist. Die Auswertung dieser Aufnahmen zeigt, daß die verschiedenen Probenbereiche unterschiedliche Ätzstrukturen aufweisen. In der Matrix entstehen durch die Ätzbehandlung lamellenförmige sowie sphärolithische Strukturen, während die Querschnitte und freien Oberflächen der kugelförmigen Aggregate globuläre bzw. grob kurzlamellige Strukturen enthalten.

Eine Zuordnung der morphologischen Details zu den Probenkomponenten kann einerseits durch Flächenanteilvergleich Matrix/kugelförmige Aggregate andererseits durch Vergleich der Ätzstrukturen mit gleichen Behandlungsbedingungen unterzogenen Proben aus Homopolymeren getroffen werden. Daraus ergibt sich, daß die kugelförmigen Aggregate von dem Polyäthylenterephthalat gebildet wurden und die Matrix aus Polyamid besteht.

Optimale Ätzstrukturen werden erzeugt, wenn die Proben zwischen 30 und 60 min mit thermischen, geladenen Teilchen behandelt werden. Diese optimalen Ätzbedingungen sind aber apparate- und probenspezifisch und können nicht ohne weiteres auf andere Proben und Apparaturen übertragen werden.

Werden kürzere Behandlungszeiten für die Untersuchung verwendet, so bleiben einige Oberflächendetails, speziell der Polyäthylenterephthalatphase, (Bild 1b) verdeckt. Bei langen Abbauzeiten ($>$ 100 min) gleichen sich im allgemeinen die Strukturen der einzelnen Probenkomponenten an, so daß eine Unterscheidung schlecht durchzuführen ist (Bild 3e). Der Lamellenabstand in der Polyamidphase wächst mit der Ätzzeit und die Einzellamelle beginnt sich aufzulösen. In der Polyäthylen-

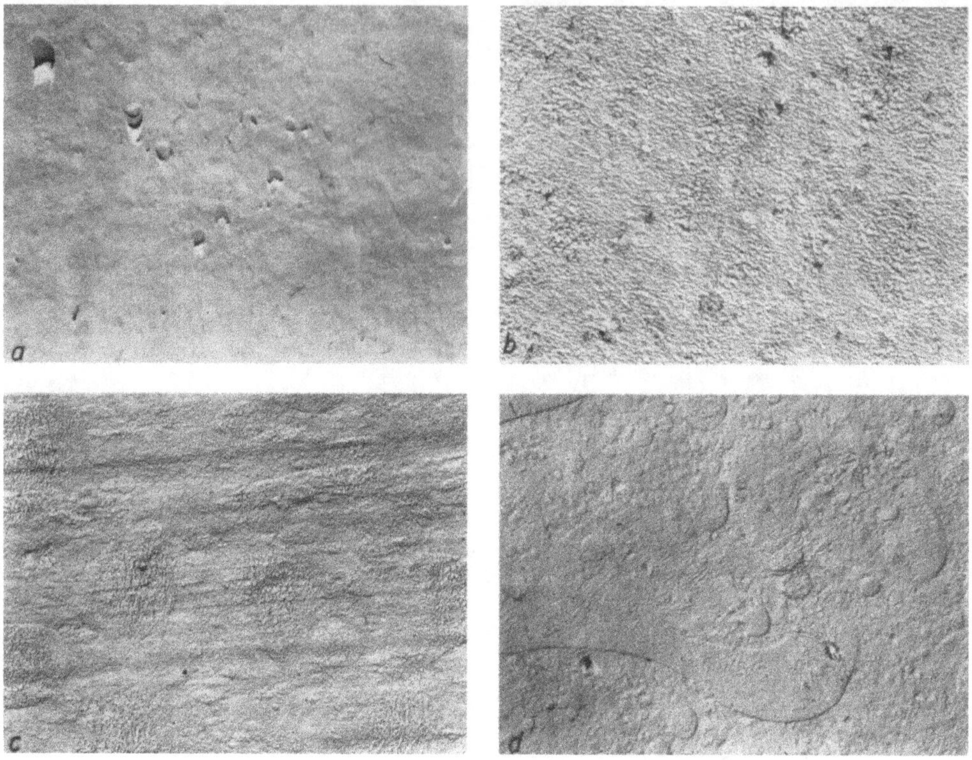

Bild 2. Längsschnittmorphologie der Probe I.
a) 0 min geätzt (5100fach) c) 60 min geätzt (3600fach)
b) 30 min geätzt (4400fach) d) 120 min geätzt (3600fach)

terephthalatphase ist umgekehrt eine Tendenz zur Zusammenlagerung der einzelnen globulären Aggregate zu unvollständigen Lamellen zu beobachten. Derartige Strukturen bezeichnet man als überätzt.

Den elektronenmikroskopischen Aufnahmen (Bilder 1, 2 und 3) ist weiterhin zu entnehmen, daß mit Hilfe der Ätzstrukturen mechanische Artefakte, die bei der Probenherstellung und -vorbereitung unvermeidbar sind, gut nachgewiesen werden können.

Kratzer, die z. B. beim Erspinnen der Probenborsten auf der Oberfläche entstanden sind (Bild 1d, Pfeil), Verformungen der kugelförmigen PETP-Teilchen sowie Messerscharten, die bei der Anfertigung der Längs- und Querschnitte auf einem Ultramikrotom (Bild 2c, 3d) erzeugt werden, lassen sich einwandfrei unterscheiden.

In allen Fällen konnten wir beobachten, daß die durch Ätzung entwickelten Lamellen in der Probenfläche immer senkrecht zu der z. B. durch Messerscharten gekennzeichneten Schnittrichtung verlaufen.

Durch Vergleich von Oberflächenabdrücken mit rasterelektronenmikroskopischen Aufnahmen (Bild 4) konnte sichergestellt werden, daß die Anwendung der Replikamethode zur Darstellung der Ätzstruktur im EM keine Artefakte bei der Probenstruktur erzeugt, so daß Fehlinterpretationen ausgeschlossen werden können.

Der Vergleich von angeätzten und unangeätzten Bruchflächenstrukturen bestätigt, daß der Oberflächenabbau in der Glimmentladung die morphologische Struktur der Probe nicht beeinflußt (Bild 5). Wegen der großen Rauhigkeit dieser Bruchflächen ist aber eine homogene Oberflächenabtragung, wie sie bei den freien Ober- und Schnittflächen vorausgesetzt werden kann, nicht gewährleistet. Daher ist die Verwendung dieses Präparationsverfahrens zur Verbesserung der Erkennbarkeit morphologischer Probendetails in Bruchflächen zwar möglich, aber nicht so erfolgreich wie bei ebenen Probenflächen.

Bild 6 zeigt den Abdruck einer 30 min geätzten freien Oberfläche der Probe II, die sich von der Probe I nur in ihren Herstellungsbedingungen (Fördermenge des Extruders) unterscheidet. Der Vergleich dieser elektronenoptischen Aufnahme mit Bild 1c und Bild 7 zeigt, daß die lamellare Struktur der Polyamidphase der Probe II feiner ausgebildet ist als die der Probe I. Im Fall der Probe II liegen nur kleine Lamellenlängen vor, während in der Polyamidmatrix der Probe I sogar sphärolithische Aggregate nachweisbar sind (Bild 7).

Ätzstrukturen, die bei der Behandlung der Probe III, einem System ähnlicher Polymere, erhalten wurden, sind in den Bildern 8, 9 und 10 zu sehen. Die für die Polyamide typischen Lamellenstrukturen konnten in allen behandelten und untersuchten Probenflächen nachgewiesen werden. Die Auswertung der EM-Aufnahmen ergab, daß die Lamellenabstände, vornehmlich auf den angeätzten freien Oberflächen, zwei unterschiedliche Werte haben, die in abgegrenzten Probenbereichen zu finden sind (Bild 8b).

Der Vergleich der Ätzstrukturen behandelter und unbehandelter freier Probenoberflächen (Bild 8) zeigt, daß die lokalen Lamellenabstandsschwankungen nicht

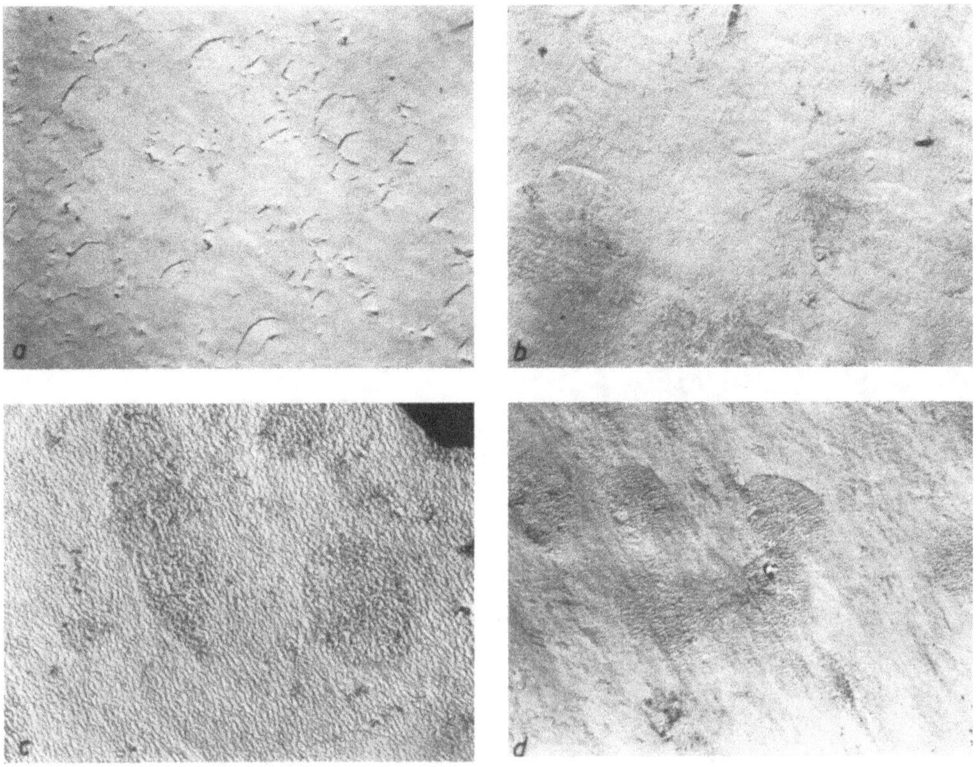

Bild 3. Querschnittmorphologie der Probe I.
a) 0 min geätzt (4500fach)
b) 10 min geätzt (4500fach)
c) 30 min geätzt (4500fach)
d) 60 min geätzt (3600fach)
e) 120 min geätzt (4500fach)

allein auf mechanische Oberflächendeformationen zurückzuführen sind, sondern auf Segregationserscheinungen einer Probenkomponente hinweisen.

In den untersuchten Längsschnitten konnte unter normalen Ätzbedingungen (30 min Ätzzeit) nur eine homogene lamellare Struktur gefunden werden (Bild 9a).

Lanzettenförmige Probenbereiche mit einer angedeuteten Querstreifung bezüglich der Matrixstruktur sind in überätzten Längsschnitten nachweisbar (Bild 9b). Aus dem Verlauf der Lamellenrichtung der Matrix ergibt sich, daß die lanzettenförmigen Probenbereiche parallel zur Faserachse angeordnet sind. Diese Probenbereiche sowie die runden unangeätzten Strukturen, die in den angeätzten Querschnitten auftreten (Bild 10), weisen auch auf Entmischungserscheinungen in dem verwendeten Bikomponentensystem hin. Gegenüber der Matrix müssen diese Bereiche eine höhere kristalline Ordnung enthalten. Diese Annahme sowie die vorliegenden Ätzstrukturen können damit erklärt werden, daß in diesen Probenbereichen eine Molekülanordnung in Lamellen (parallel zu den Querschnittsflächen) vorliegt. Eine Zuordnung dieser unterschiedlich angeätzten Probenbereiche zu einer Polyamidkomponente ist nicht möglich. Die Auswertung der elektronenoptischen Aufnahmen weist aber eindeutig auf eine teilweise Entmischung hin.

Wie aus allen EM-Aufnahmen weiterhin ersichtlich ist, kann man Aussagen über die morphologische Struktur der Proben in den der Oberfläche nahe liegenden Schichten am besten aus der Untersuchung der freien Oberfläche nach optimalen Ätzzeiten erhalten.

Für die Darstellung der Phasenverteilung in der gesamten Probe sind geätzte Schnittflächen im Vergleich zu Bruchflächen informationsreicher. Schnittflächen können in jeder beliebigen Probenebene erzeugt werden. Die bei dem Schnittprozeß entstehenden lokalen Deformationen sind für jede Polymerkomponente spezifisch und können mit Hilfe der Plasmaätzung sichtbar gemacht werden (unterschiedliche Periodizität der Lamellenabstände). Weiterhin kann aus der Orientierung der Lamellen die Schnittrichtung bestimmt werden, die in vielen Fällen wertvoll für die Interpretation der morphologischen Struktur der geätzten Schnittfläche ist, speziell für die Anordnung einzelner Phasen bezüglich der Faserachse.

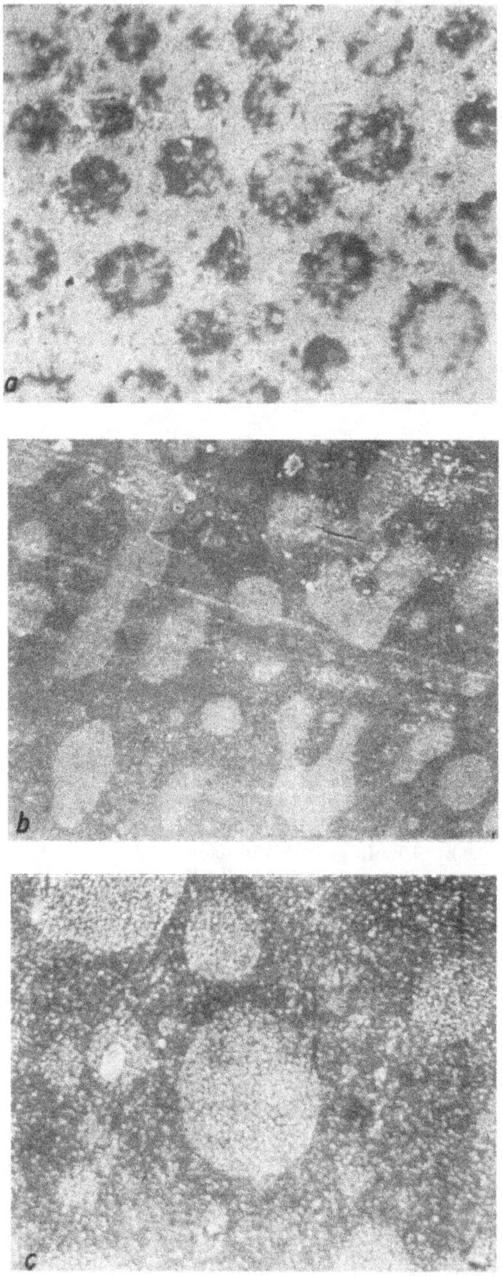

Bild 4. REM-Aufnahmen von 30 min geätzten Probenflächen (Probe)I.
a) Oberfläche (3000fach)
b) Längsschnitt (3000fach)
c) Querschnitt (10000fach)

Bild 7. Morphologie der freien Oberfläche der Probe I. 30 min geätzt (4500fach) →

Bild 5. Bruchflächenmorphologie der Probe I.
a) 0 min geätzt (2190fach)
b) 30 min geätzt (4500fach)

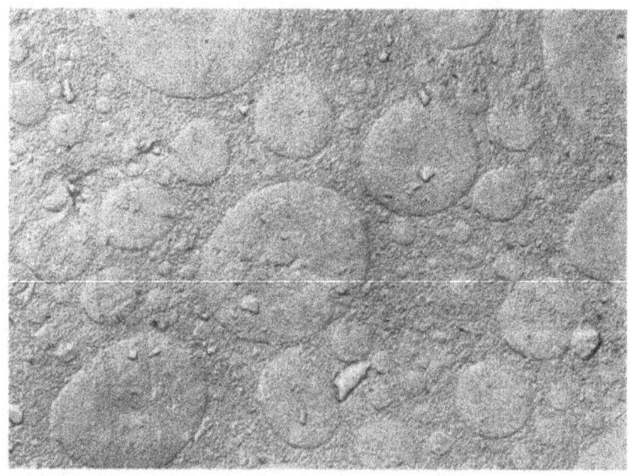

Bild 6. Morphologie der freien Oberfläche der Probe II, 30 min geätzt (7700fach)

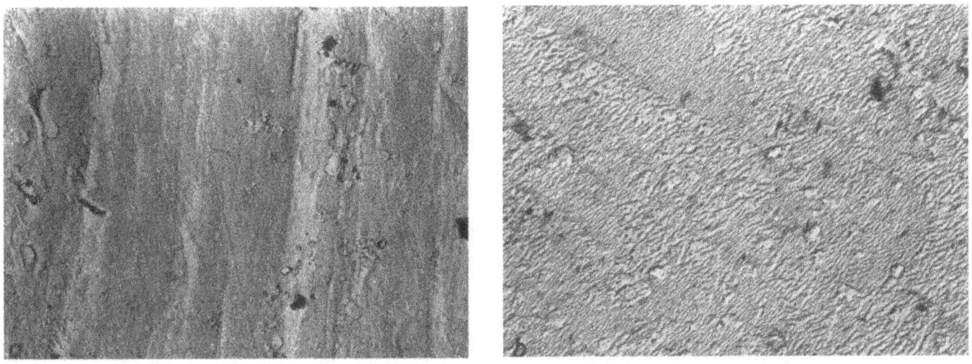

Bild 8. Morphologie der freien Oberfläche der Probe III.
a) 0 min geätzt (6100fach) b) 30 min geätzt (7700fach)

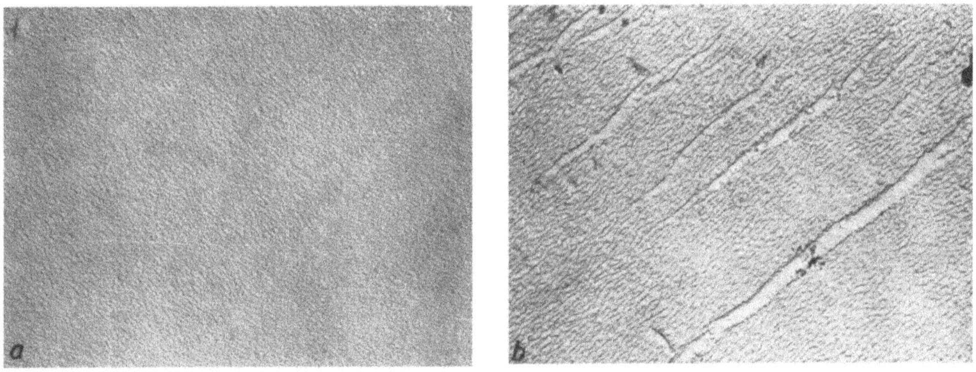

Bild 9. Längsschnittmorphologie der Probe III.
a) 30 min geätzt (4500fach) b) 80 min geätzt (4500fach)

4. Zusammenfassung

Die Verwendung der Ätzung in der Glimmentladung bei der Untersuchung von polymeren Mehrkomponentensystemen ermöglicht es, einerseits eine Zuordnung von Morphologie und Probenkomponenten durchzuführen und andererseits durch eine physikalische Behandlung bedingte morphologische Strukturunterschiede nachzuweisen.

Die Experimente zeigen, daß mit Hilfe dieses Untersuchungsverfahrens die morphologische Feinstruktur der Probenkomponenten, die Phasenverteilungen in dem Probenvolumen sowie Komponentenorientierungen nachweisbar sind. Es wird gezeigt, welche Informationen über die Morphologie der Probe aus der freien Oberfläche, Schnitt- bzw. Bruchflächen erhalten werden können.

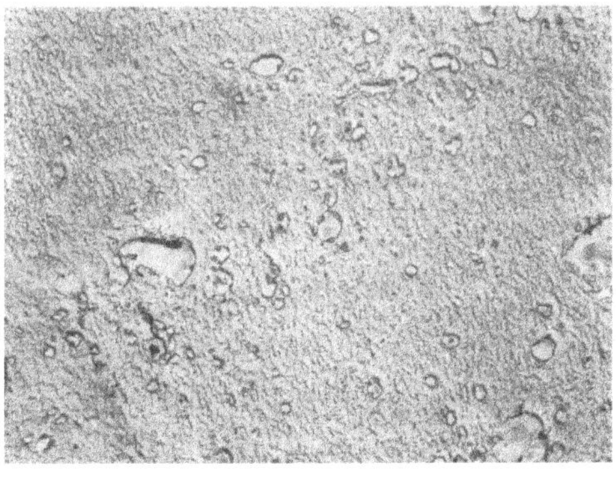

Bild 10. Querschnittmorphologie der Probe III.
30 min geätzt (4500fach)

In polymeren Systemen, die aus unterschiedlichen, nicht verträglichen Polymerkomponenten bestehen, ist eine Charakterisierung der Proben anhand ihrer morphologischen Ätzstruktur relativ unkompliziert, wie es das Beispiel Polyamid/Polyäthylenterephthalat zeigt. Bei der Untersuchung von polymeren Systemen, die aus ähnlichen Polymerkomponenten zusammengesetzt sind, treten keine großen signifikanten Ätzstrukturunterschiede auf. Zur Charakterisierung solcher Systeme müssen daher auch Sekundärmerkmale herangezogen werden. Eine Zuordnung einzelner Probenkomponenten zu speziellen Ätzstrukturen ist daher äußerst schwierig.

Für die Bereitstellung der Proben I und II danken wir den Herren Dr. *K. Dietrich* und Dipl.-Chem. *R.-W. Heldt*. Für die Überlassung der Probe III sind wir dem VEB Chemiefaserwerk Guben zu Dank verpflichtet.

Literatur

[1] *Behrisch, R.*: Festkörperzerstäubung durch Ionenbeschuß. Erg. exakt. Naturw. **35** (1964) S. 295—443.

[2] *Bessot, J. J.*: Die Kathodenzerstäubung, Durchführung und Anwendung. Firmenschrift Alcatel-Hochvakuumtechnik, Wertheim/Main.

[3] *Wegmann, L.:* Die Ionenätzung als Mittel zur Oberflächenuntersuchung. Schweiz. Arch. angew. Wissensch. Technik **30** (1964) 5, S. 143—155.

[4] *Daulus, M.,* und *Reverchon, F.:* Le Bombardment Ionique. Coll. Internat. Centre National Recherche Sci., Paris (1962) S. 223.

[5] *Orth, H.:* Die Ionenätzung als Präparationsmethode für rasterelektronenmikroskopische Untersuchungen an Polymeren. Beitr. elektronenmikr. Direktabb. Oberfl. **3** (1970) S. 205—216.

[6] *Carter, G.,* und *Colligon, J. S.:* Ionen Bombardment of Solids. London: Heinemann Educational Books 1968.

[7] *Jacobic, E.:* Eine Methode zum Anätzen, schichtweisen Abbau und Verbrennen organischer Substanzen mittels aktiviertem Sauerstoff. Delft: Proc. European Reg. Conf. on EM 1960, Vol. I, S. 559—563.

[8] *Anderson, F. R.:* Ion-bombardment etching of synthetic fibers. II. J. appl. Physics **34** (1963) S. 2371 bis 2373.

[9] *Spit, B. J.:* Gas discharge etching as a new approach in electron microscopy research into high polymers. Polymer, London **4** (1963) S. 109—117.

[10] *Dietl, J. J.:* Elektronenmikroskopische Untersuchungen an sauerstoffgeätzten Kunststoffen. Kunststoffe **59** (1969) S. 792—798.

[11] *Bezruk, L. J.,* und *Lipatov, Ju. S.:* Die elektronenmikroskopische Untersuchung der Struktur polymerer Materialien. Vysokomol. Soed. (Hochmol. Verbind.), Serija A **13** (1971) S. 1905—1912.

[12] *Hänsel, H., Casperson, G.,* und *Hoffmann, G.:* Zur physikalischen Grundlage der Ionenätzung von Hochpolymeren. Z. physik. Chemie, Leipzig **251** (1972) 3/4, S. 241—251.

[13] *Rost, A., Erler, H. J., Giegengack, H., Fiedler, O.,* und *Weißmantel, Chr.:* Ion beam etching and sputtering of PTFE. Thin solid films **20** (1974) 1, S. 14—19.

[14] *Pelzbauer, Z.:* Die Ionenätzung in der Elektronenmikroskopie der Polymeren. Plaste u. Kautschuk **20** (1973) S. 382—384.

[15] *Dietrich, K.,* und *Versäumer, H.:* Über die Strahlaufweitung beim Schmelzspinnen von Dispersionen aus Polycaprolactam und Polyäthylenterephthalat. Faserforsch. u. Textiltechnik/Z. Polymerforsch. **26** (1975) 7, S. 347—352.

Eingegangen am 2. Juni 1975

Faserforschung und Textiltechnik 26 (1975) Heft 12
Zeitschrift für Polymerforschung

Poly(tetraphenylmethan-terephthalamid)

Gerald Rafler[+], *Nawal Edward Ikladious*[++], *Eckhard Bonatz*[+], *Gerhard Reinisch*[+], *Heinz Zimmermann*[+], *Svetlana Vasil'evna Vinogradova*[+++] *und Vasilij Vladimirovič Koršak*[+++]

[+] *Akademie der Wissenschaften der DDR, Institut für Polymerenchemie in Teltow-Seehof*

[++] *National Research Centre, Cairo, ARE, z. Z. Institut für Polymerenchemie in Teltow-Seehof*

[+++] *Akademie der Wissenschaften der UdSSR, Institut für Elementorganische Verbindungen in Moskau/UdSSR*

DK 678.673:547.584'023:547.634–3:66.095.3:541.24.08:532.13.08

Durch Alkylierung von Anilinhydrochlorid mit 4-Acetamino-triphenylcarbinol wurde 4.4'-Diamino-tetraphenylmethan dargestellt und in Lösung mit Terephthalsäuredichlorid zum entsprechenden Poly(tetraphenylmethan-terephthalamid) polykondensiert. In 95,6%iger Schwefelsäure wurde $[\eta] = f(\overline{M}_w)$ zu $[\eta] = 6{,}80 \cdot 10^{-2} \cdot \overline{M}_w^{0{,}67}$ ermittelt. Durch thermogravimetrische Analyse wurde die Temperatur des Zersetzungsbeginns unter Luft zu 385 °C und unter Stickstoff zu 414 °C bestimmt.

Политетрафенилметантерефталамид

Алкилированием гидрохлорида анилина 4-ацетамино-трифенилкарбинолом был получен 4,4'-диамино-тетрафенилметан. Проводилась поликонденсация последнего с дихлорангидридом терефталевой кислоты в растворе. Из характеристической вязкости продукта поликонденсации была определена зависимость $[\eta] = f(\overline{M}_w) = 6{,}80 \cdot 10^{-2}. \overline{M}_w^{0{,}67}$. Методом термогравиметрии найдено, что температура начала деструкции поликонденсата соответствует 385 °C на воздухе и 414 °C в азоте.

Poly(tetraphenylmethane-terephthalamide)

4,4'-Diamino-tetraphenylmethane was obtained by alkylation of aniline hydrochloride with 4-acetoamino-triphenylcarbinol and polymerized with terephthalic acid dichloride to give poly(tetramethane-terephthalamide). The values of $[\eta] = f(\overline{M}_w)$ were found to be $[\eta] = 6{,}80 \times 10^{-2}\overline{M}_w^{0{,}67}$ in 95,6% sulfuric acid. The initial temperature of decomposition, as measured by DTA, is 385 °C in air and 414 °C in nitrogen.

1. *Einleitung*

Die Verarbeitung von temperatur- und wärmebeständigen Polymeren ist oftmals infolge ihrer geringen Löslichkeit in den meisten Lösungsmitteln sowie infolge ihrer hohen Schmelztemperaturen stark erschwert und ihr Einsatz damit auch begrenzt. Durch Verwendung großvolumig substituierter Monomere bzw. durch sterisch unterschiedliche Comonomere läßt sich eine erhebliche Verbesserung der Verarbeitbarkeit dieser Polymere erreichen.

Vinogradova, Koršak und Mitarb. [1] sowie *Charkov* und Mitarb. [2] stellten eine Reihe großvolumig substituierter aromatischer Polyamide her und untersuchten ihr Löslichkeitsverhalten sowie ihre thermischen Eigenschaften. Unter anderen wurden folgende Diamine eingesetzt: 4.4'-Diamino-triphenylmethan, 9.9-Bis(4-aminophenyl)fluoren, 9.9-Bis-(4-aminophenyl)-dihydro-anthracen, 3.3-Bis(4-aminophenyl)-phthalid und 3.3-Bis(4-aminophenyl)phthalimid. Diese Diamine wurden durch sauer katalysierte Reaktionen des Anilins mit den entsprechenden Aldehyden bzw. Ketonen erhalten.

Systematische Untersuchungen über den Einfluß der chemischen Struktur der Seitenketten auf das Löslichkeitsverhalten und die Thermostabilität von Polyterephthalamiden dieser Diamine ergaben, daß gegenüber dem unsubstituierten Polydiphenylterephthalamid die Löslichkeit durch die Substituenten erheblich erhöht und die thermische Stabilität in geringem Maße erniedrigt wird [1, 3].

Polyterephthalamide der erwähnten Diamine lösten sich in den bekannten Amidlösungsmitteln, wie Dimethylformamid, Dimethylacetamid, N-Methylpyrrolidon sowie in Dimethylsulfoxid und in Schwefelsäure. Die chemische Struktur des Substituenten der Diaminkomponente hat auf das Löslichkeitsverhalten des Polymers praktisch keinen Einfluß.

Bei aromatischen Polyestern der Terephthalsäure mit 4.4'-Dihydroxyarylmethanen wächst die thermische Beständigkeit mit zunehmender aromatischer Substitution des aliphatischen Kohlenstoffatoms in der Polymerkette [4]. Da dieses im Prinzip auch für die entsprechenden Polyamide der Terephthalsäure mit 4.4'-Diamino-arylmethanen zu erwarten ist, sollten Terephthalamide des 4.4'-Diamino-tetraphenylmethans gute thermische Eigenschaften aufweisen. Die Stabilität u. a. gegenüber thermischer und thermooxydativer Zersetzung des Tetraphenylmethansystems läßt sich aus der Stabilität des Tetraphenylmethans selbst ableiten. Tetraphenylmethan ist eine bei 431 °C unzersetzt destillierende Verbindung. Seine experimentell ermittelte Mesomerieenergie entspricht mit 129,5 kcal/mol zwar nicht ganz der Summe von vier Benzolringen mit 143,6 kcal/mol, aber dieser wahrscheinlich sterisch bedingte Mesomerieenergieverlust ist nicht erheblich. Er beträgt pro Benzolring nur 3,5 kcal/mol [5]. Wir haben deshalb 4.4'-Diaminotetraphenylmethan dargestellt und es mit Terephthalsäuredichlorid in Lösung polykondensiert.

2. *Synthese von 4.4'-Diamino-tetraphenylmethan*

Lupes [6] hat eine umfassende Übersicht über die Darstellung von Tetraphenylmethan und seiner Derivate gegeben. Danach sind Tetraphenylmethane über *Friedel/Crafts*- und metallorganische Synthesen mit entsprechenden Triarylmethylverbindungen, über Zersetzungen entsprechender Azoverbindungen, Radikalreaktionen des Triarylmethylradikals mit Aromaten sowie über Umlagerungen von N- oder O-tritylierten aromatischen Aminen bzw. Phenolen zugänglich.

Wir synthetisierten 4.4'-Diamino-tetraphenylmethan über eine zweimalige Alkylierung von Anilinhydrochlorid zunächst mit Benzhydrol in Gegenwart von $ZnCl_2$ (Gleichung (1)) [7] und in einer zweiten Reaktionsstufe mit 4-Acetamino-triphenylcarbinol in Eisessig (Gleichung (2)).

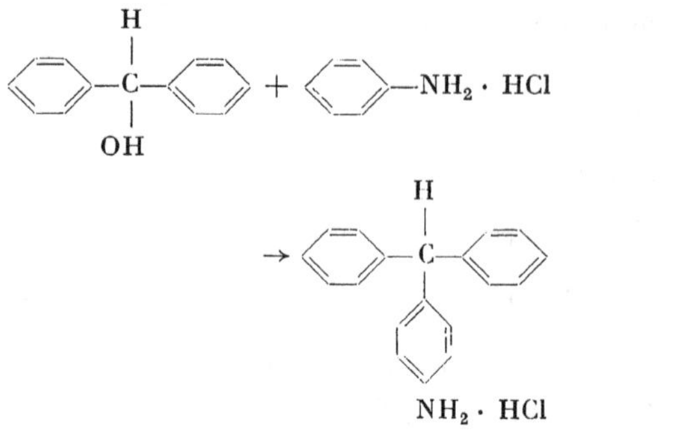

(1)

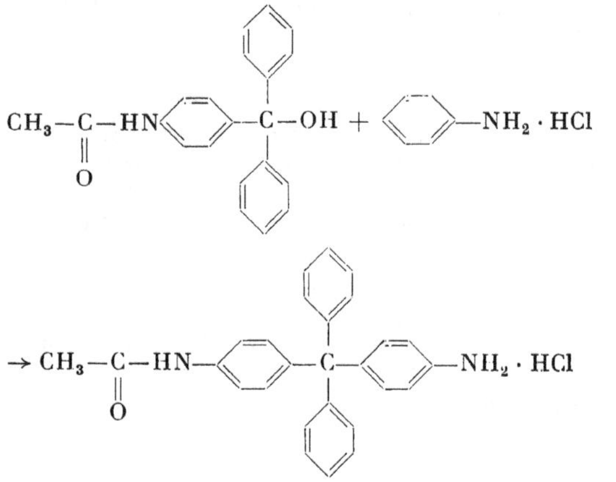

(2)

Während die Alkylierung mit Benzhydrol mit ca. 75% Ausbeute gelingt, erfolgt die Alkylierung mit 4-Acetamino-triphenylcarbinol nahezu quantitativ (95%). 4-Acetamino-triphenylcarbinol erhält man mit 85% Ausbeute durch Oxydation des 4-Acetamino-triphenylmethans mit 50%iger Chromsäure [7, 8]. 4.4'-Diamino-tetraphenylmethan wird durch Umkristallisieren aus Toluol, Behandeln mit Aktivkohle sowie durch Chromatographieren an einer neutralen Aluminiumoxidsäule in Chloroformlösung gereinigt. Das so gereinigte Endprodukt schmilzt bei 259 bis 260 °C.

3. *Poly(tetraphenylmethan-terephthalamid)*

3.1. *Lösungspolykondensation*

Eine Reihe von Poly(tetraphenylmethan-terephthalamiden) unterschiedlicher rel. Molmasse wurde durch Polykondensation von 4.4'-Diamino-tetraphenylmethan mit Terephthalsäuredichlorid in Dimethylacetamid bei −4 °C dargestellt. Die Reaktantenkonzentration betrug 0,055 g/ml, die Reaktionszeit variierte zwischen 10 und 300 min. Nach beendeter Reaktion wurde die Reaktionsmischung in einen Überschuß Äthanol eingegossen, das Polymer abgetrennt, mit Äthanol ausgekocht und anschließend im Vakuum bei 70 °C konstant getrocknet.

Terephthalsäuredichlorid wurde aus Terephthalsäure und $SOCl_2$ unter Zusatz geringer Mengen Dimethylformamid erhalten, unter N_2 bei 0,5 bis 1,0 Torr destilliert und nach erneutem Erhitzen mit $SOCl_2$ in n-Hexan nochmals im Vakuum destilliert. Dimethylacetamid wurde mit CaH_2 erhitzt und anschließend über eine Füllkörperkolonne destilliert. Danach lag der Wassergehalt des Dimethylacetamids bei 2 mg/100 ml.

Tabelle 1. [η]-Werte für Poly(tetraphenylmethan-terephthalamide) in Abhängigkeit von den Synthesebedingungen

Lösungsmittel	t °C	τ min	[η] ml/g
DMA	−4	120	191
HMPA	10	120	100
TMH	−2	120	121
DMF	−4	120	kein Polymer

DMA: Dimethylacetamid
DMF: Dimethylformamid
HMPA: Hexamethylphosphorsäuretriamid
TMH: Tetramethylharnstoff

In Übereinstimmung mit früheren Ergebnissen von *Koršak* und *Vinogradova* [9] wurden auch im vorliegenden Falle die höchsten [η]-Werte in Dimethylacetamid und bei Zugabe des Säurechlorids in fester Form erhalten (Tabelle 1).

3.2. *Polymeranalytische Charakterisierung der Poly(tetraphenylmethan-terephthalamide)*

Die rel. Lösungsviskositäten wurden in einem *Ubbelohde*-Viskosimeter Kap. II bei 20 ± 0,02 °C in 95,6%iger Schwefelsäure für Konzentrationen $0{,}25 \cdot 10^{-2}$ g/ml $\leqq c \leqq 1{,}25 \cdot 10^{-2}$ g/ml ermittelt. Für alle Proben war $\frac{\eta_{sp}}{c} = f(c)$ in Schwefelsäure linear. Bei $[\eta] < 160$ ml/g war k_H noch molmassenabhängig (Tabelle 2). Dagegen ließ sich in Dimethylformamid (20 °C, *Ubbelohde*-Viskosimeter Kap. I) die Konzentrationsabhängigkeit der reduzierten spezifischen Viskosität nicht linearisieren. Linear verläuft jedoch die Extrapolation nach *Schulz/Blaschke*.

$\overline{M}_n$ der Polyamidproben wurde sowohl membranosmometrisch als auch durch Endgruppenbestimmung ermittelt. Die osmometrischen Messungen wurden in Dimethylformamid bei 45 °C in einem elektronischen Membranosmometer (KG Dr.-Ing. H. Knauer, Westberlin) ausgeführt. Als Membran diente regenerierte Cellulose Typ 11539 („allerfeinst") der Sartorius Membranfilter GmbH. Die Extrapolation erfolgte über 5 Polymerkonzentrationen (0,2 g/dl $\leqq c \leqq$ 1,0 g/dl (Bild 1)).

Tabelle 2. [η]-, k_H- und $\overline{M}_n$-Werte für Poly(tetraphenylmethan-terephthalamide)

Probe	[η] ml/g	k_H	$\overline{M}_n$ (osmometrisch) g/mol	$\overline{M}_n$ (Endgruppen) g/mol
1	100	0,40	22300	—
2	102	0,38	23200	22400
3	103	0,38	24600	23800
4	121	0,39	28000	29900
5	123	0,41	31300	32300
6	132	0,40	31500	28700
7	149	0,36	33900	30500
8	154	0,35	35400	35400
9	180	0,35	37300	41900
10	189	0,33	39000	41800
11	190	0,33	—	37700
12	191	0,33	42800	37800

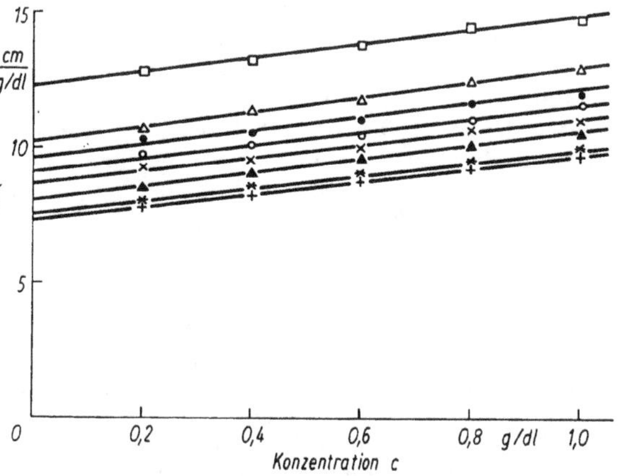

Bild 1. Konzentrationsabhängigkeit des red. osmotischen Druckes für Poly(tetraphenylmethan-terephthalamide). Dimethylformamid, 45 °C

Die Bestimmung der Amino- und Carboxylendgruppen erfolgte konduktometrisch in Dimethylsulfoxid mit 0,02 n methanolischer KOH nach Zusatz von p-Toluolsulfonsäure zur Aminogruppenneutralisation [10].

Die Messungen zur Bestimmung von $\overline{M}_w$ wurden in einem Streulichtphotometer „Sofica" in Dimethylformamid bei Konzentrationen 0,1 g/dl $\leqq c \leqq$ 0,5 g/dl ausgeführt (Bild 2). Die Polymerlösungen wurden durch Zentrifugieren bei 15000 U/min von Staubteilchen befreit.

Die Schwankungen in den osmometrisch und titrimetrisch ermittelten $\overline{M}_n$-Werten sind unspezifisch, so daß nicht auf einen bestimmten Typ von Nebenreaktionen, beispielsweise auf Verzweigungsreaktionen geschlossen werden kann.

$\overline{M}_w/\overline{M}_n$-Verhältnisse größer als 2 sowie die Zunahme dieses Quotienten mit wachsender Reaktionsdauer (Tabelle 3) ist für ein Lösungspolykondensationsverfahren mit Sicherheit auf Nebenreaktionen zurückzuführen. Nach [11] ist mit einer Umamidierung mit dem Lösungsmittel Dimethylacetamid als wesentlichster Nebenreaktion zu rechnen, wobei das Polymer monofunktionell wird und ein monofunktioneller Kettenabbrecher entsteht. Für in Lösung synthetisierte aromatische Polyester wurden in Übereinstimmung mit theoretischen Vorstellungen $\overline{M}_w/\overline{M}_n$-Verhältnisse von 2 bzw. geringfügig kleiner experimentell ermittelt [9, 12].

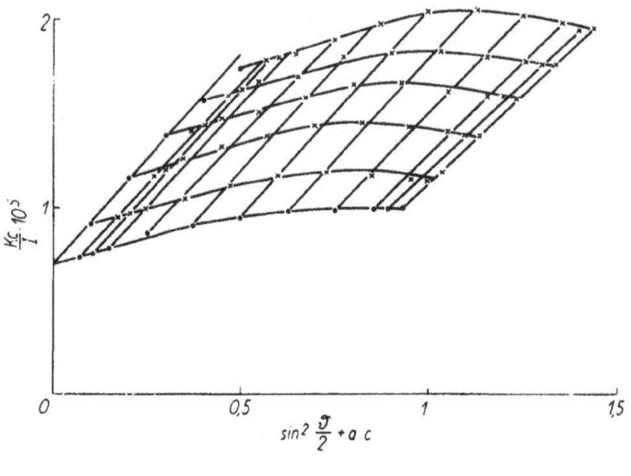

Bild 2. *Zimm*-Diagramm für Poly(tetraphenylmethan-terephthalamid) (Probe 10)

Tabelle 3. $\overline{M}_w$-Werte für Poly(tetraphenylmethanterephthalamide)

Probe	τ min	$\overline{M}_w$ g/mol	$\overline{M}_w/\overline{M}_n$
2	10	59300	2,56
8	45	99500	2,81
10	240	128000	3,28
12	120	148000	3,45

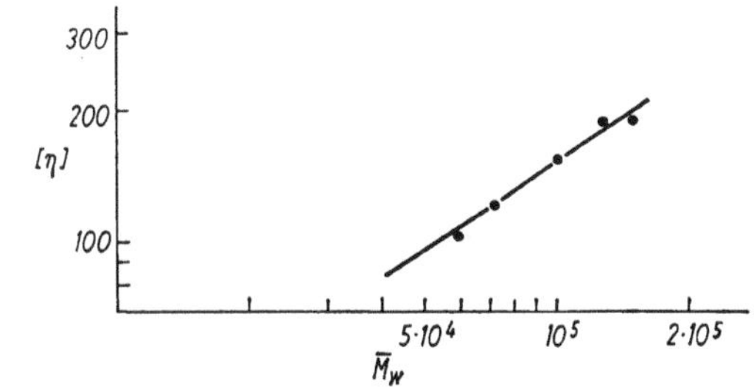

Bild 3. $[\eta] = f(\overline{M}_w)$ für Poly(tetraphenylmethan-terephthalamid) in 95,6%iger H_2SO_4

Infolge des veränderlichen $\overline{M}_w/\overline{M}_n$-Verhältnisses in den einzelnen Polymerproben läßt sich nur $[\eta] = f(\overline{M}_w)$ angeben. Für Poly(tetraphenylmethan-terephthalamid) in 95,6%iger Schwefelsäure gilt (Bild 3)

$$[\eta] = 6{,}80 \cdot 10^{-2}\overline{M}_w^{\,0,67}.$$

3.3. Thermische und thermooxydative Stabilität von Poly(tetraphenylmethan-terephthalamid)

Beziehungen zwischen thermischer Stabilität und chemischer Struktur wurden in der Literatur bereits ausführlich diskutiert (vgl. [1, 3, 4, 13]).

Zusammenfassend läßt sich danach feststellen, daß mit zunehmender aromatischer Substitution des aliphatischen Kohlenstoffatoms in der Polymerkette die thermische Stabilität erhöht wird. Für die bereits erwähnten Terephthalamide mit großvolumig substituiertem aliphatischem Kohlenstoff in der Kette werden für den Zersetzungsbeginn in Luft Temperaturen von 390 bis 440 °C angegeben [1, 3]. Gegenüber Poly(diphenyl-terephthalamid), das eine Zersetzungstemperatur von 470 °C aufweist, waren alle diese Polyamide in ihrer thermischen und thermooxydativen Stabilität erniedrigt. Geringste thermische Stabilität, insbesondere an Luft, besitzen Polymere mit aliphatischen CH_2- oder CH-Gruppen in der Polymerkette.

Zunehmende Stabilität bei zunehmender aromatischer Substitution des aliphatischen Kohlenstoffatoms des Arylmethans bestätigte sich auch beim Poly(tetraphenylmethan-terephthalamid). Aus den TGA-Kurven in den Bildern 4 und 5 wurden für Poly(tetraphenylmethan-terephthalamid) und für das in [14] beschriebene Poly(triphenylmethan-terephthalamid) die in Tabelle 4 angegebenen Zersetzungstemperaturen bestimmt.

Poly(tetraphenylmethan-isophthalamid) beginnt sich unter Stickstoff bei 380C° zu zersetzen. Die höhere thermische Stabilität des Terephthalamids gegenüber dem Isophthalamid deutet an, daß die bei 414 bzw. 380 °C einsetzenden Abbauvorgänge nicht im Tetraphenylmethansystem beginnen.

Tabelle 4. Zersetzungsbeginn für Terephthalamide des 4.4'-Diamino-tetraphenylmethans (1) *und 4.4'-Diamino-triphenylmethans* (2) $\Delta t = 6$ grd/min

Diamin		Zersetzungsbeginn °C
1	Luft	385
1	Stickstoff	414
2	Luft	339
2	Stickstoff	394

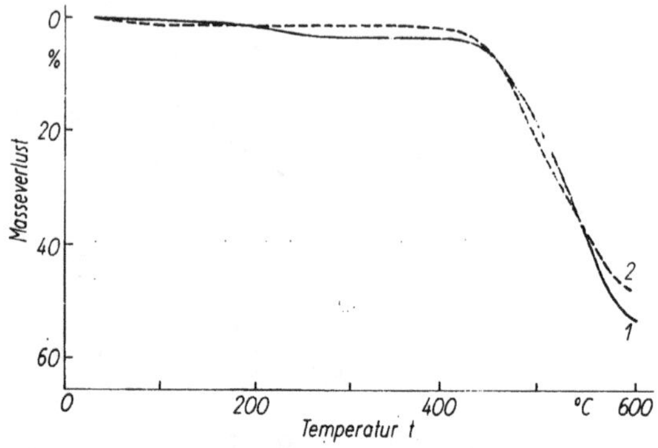

Bild 4. TG-Kurven für Poly(tetraphenylmethan-terephthalamid) (1) und Poly(triphenylmethan-terephthalamid) (2) unter N_2. $\Delta t = 6$ grd/min

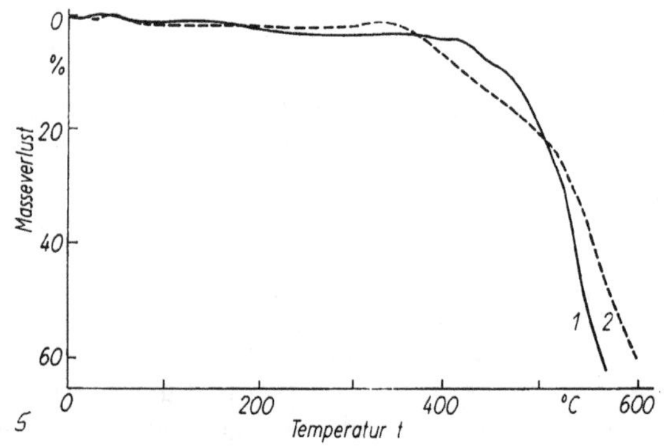

Bild 5. TG-Kurven für Poly(tetraphenylmethan-terephthalamid) (1) und Poly(triphenylmethan-terephthalamid) (2) in Luft. $\Delta t = 6$ grd/min

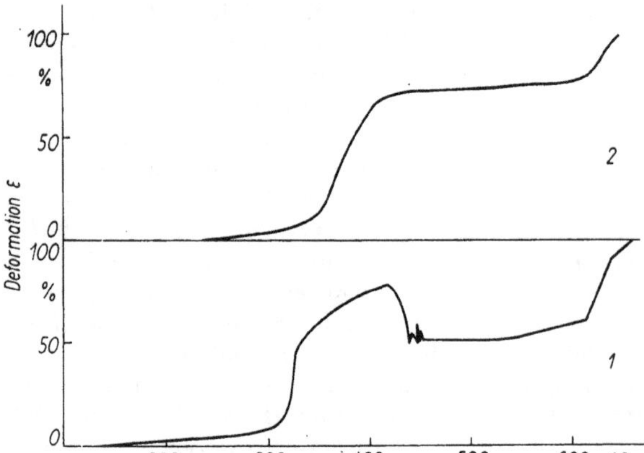

Bild 6. Thermomechanische Kurven für Poly(tetraphenylmethan-isophthalamid) (1) und Poly(tetraphenylmethan-terephthalamid) (2)

Auch bei thermomechanischen Untersuchungen erwies sich das Terephthalamid stabiler als das Isophthalamid. Das thermomechanische Verhalten ist im Bild 6 dargestellt. Die Proben mit einem Durchmesser von 4 mm wurden mit 100 g belastet. Intensive Deformation setzt beim Poly(tetraphenylmethan-isophthalamid) bei 300 °C und beim -terephthalamid bei 340 °C ein. Aus den Kurven ergibt sich T_g zu 320 bzw. zu 350 °C.

4. *Synthesevorschriften*

4.1. 4-Amino-triphenylmethan

50 g Benzhydrol, 35 g Anilinhydrochlorid und 50 g wasserfreies $ZnCl_2$ werden 20 h auf 150 °C erhitzt. Das Reaktionsprodukt wird mit heißer verdünnter H_2SO_4 behandelt und anschließend mit Äther nicht umgesetztes Benzhydrol extrahiert. Das Rohprodukt wird aus Wasser umkristallisiert. Aus dem Sulfat erhält man durch Eintragen in wäßrige NaOH 4-Amino-triphenylmethan.
F: 87 bis 88 °C,
Stickstoffgehalt: 5,47%,
Ausbeute: 55 g.

4.3. 4-Acetamino-triphenylcarbinol

50 g 4-Acetamino-triphenylmethan werden in 500 ml Eisessig gelöst und bei 75 °C mit 50%iger Chromsäure oxydiert. Nach beendeter Oxydation wird in Wasser eingegossen, das Carbinol abgetrennt und aus Xylol zweimal umkristallisiert.
F: 181 bis 183 °C,
Stickstoffgehalt: 4,55%,
Ausbeute: 45 g.

4.3. 4.4'-Diamino-tetraphenylmethan

50 g 4-Acetamino-triphenylcarbinol werden mit 100 g Anilinhydrochlorid in 400 ml Eisessig 7 h am Rückfluß erhitzt. Nach beendeter Umsetzung wird in Wasser eingegossen, das ausgefällte Reaktionsprodukt in verdünnter H_2SO_4 unter Zusatz von Äthanol gelöst und 3 h am Rückfluß erhitzt. Die Lösung wird dann in verdünnte NaOH eingetropft. 4.4'-Diamino-tetraphenylmethan wird zunächst aus Toluol umkristallisiert und anschließend in Chloroform/Äthanol mit Aktivkohle behandelt. Nach der Kristallisation aus Chloroform/Äthanol wird an einer neutralen Aluminiumoxidsäule in Chloroform chromatographiert.
F: 259 bis 260 °C,
Stickstoffgehalt: 8,01%,
Ausbeute: 30 g.

Wir danken Frau *M. Beduhn*, Frau *C. Bischoff*, Frau *I. Ruhnau* und Frau *K. Schnaubelt* für experimentelle Mitarbeit.

Herrn Prof. *Slonimskij* (Institut für Elementorganische Verbindungen der AdW der UdSSR) sind wir für die thermomechanischen Untersuchungen zu Dank verpflichtet.

Für die Unterstützung bei den streulichtphotometrischen Messungen möchten wir Herrn Dr. *H. Dautzenberg* (Institut für Polymerenchemie, Abt. Polymerphysik) danken.

Literatur

[1] *Vinogradova, S. V., Koršak, V. V., Vygodskij, J. S.,* und *Zajcev, V. I.:* Polyamide aromatischer Diamine mit Phthalid- und Phthalimidgruppen. Vysokomol. Soed. (Hochmol. Verbind.) Serija A **9** (1967) S. 658–663. *Koršak, V. V., Vinogradova, S. V., Slonimskij, G. L., Vygodskij, J. S., Salazkin, S. N., Askadskij, A. A., Mskelskij, A. I.,* und *Silorova, V. P.:* Gesetzmäßigkeiten

einiger Eigenschaften von Polyarylaten und aromatischen Polyamiden. Vysokomol. Soed. (Hochmol. Verbind.) Serija A **10** (1968) S. 2058–2068.

[2] *Char'kov, S. N., Čegolja, A. S., Krasnov, E. P., Grečušnikova, L. P., Kurakov, G. A.,* und *Ponta'ev, V. A.:* Synthese und Eigenschaften aromatischer Polyamide, die in der Seitenkette Phenyl- und Cyclohexylsubstituenten enthalten. Vysokomol. Soed. (Hochmol. Verbind.) Serija A **11** (1969) S. 2062–2066.

[3] *Char'kov, S. N., Grečušnikova, L. P., Čegolja, A. S., Krasnov, E. P., Preobraženskij, K. K., Gribov, R. N.,* und *Vorob'ev, E. A.:* Aromatische Polyamide mit Ringen in den Seitenketten. Vysokomol. Soed. (Hochmol. Verbind.) Serija A **14** (1972) 4, S. 817–824; dt. in: Sowjet. Beitr. Faserforsch. Textiltechnik **9** (1972) S. 337–342.

[4] *Koršak, V. V.:* Thermostabile Polymere. Moskva: Izd. Nauka 1969.

[5] *Klages, F.:* Über eine Verbesserung der additiven Berechnung von Verbrennungswärmen und der Berechnung der Mesomerieenergie aus Verbrennungswärmen. Chem. Ber. **82** (1949) S. 358–375.

[6] *Lupes, M. E.:* Tetraarilmetani. Stud. cerc. chim. **20** (1972) 9, S. 1107–1146.

[7] *Fischer, O.,* und *Roser, L.:* Über Amidotriphenylmethan. Ann. **206** (1881) S. 155–158.
Fischer, O., und *Fischer, G.:* Zur Geschichte der p-Amido-carbinole. Chem. Ber. **24** (1891) S. 723–729.
Bayer, A., und *Löhr, R.:* Über das Para-amidotriphenylcarbinol. Chem. Ber. **23** (1890) S. 1621–1628.
Houben/Weyl: Methoden der organischen Chemie Bd. 11/1. Stuttgart: Georg Thieme Verlag 1957.

[8] *Bayer, A.,* und *Villinger, V.:* Dibenzalaceton und Triphenylmethan. Chem. Ber. **37** (1904) S. 597–612.

[9] *Koršak, V. V.,* und *Vinogradova, S. V.:* Nichtgleichgewichts-Polykondensation. Moskva: Izd. Nauka 1972.

[10] *Ulrich, H. H., Reinisch, G.,* und *Leibnitz, E.:* Veröffentlichung in Vorbereitung.

[11] *Herlinger, H., Hörner, H.-P., Druschke, F., Knöll, H.,* und *Haiber, F.:* Synthese, Struktur und Eigenschaften von hochtemperaturbeständigen Faserpolymeren. Angew. makromol. Chemie, Basel **29/30** (1973) S. 229–239.

[12] *Morgan, P. L.:* Polymer Reviews. Vol. 10: Condensation Polymers: By Interfacial and Solution Methods. New York/London/Sydney: Interscience Publishers 1965.
Koršak, V. V., Pavlova, S. A., Dubrovina, L. V., Orlova, T. M., Vasil'ev, A. V., und *Vinogradova, S. V.:* Zur Molekulargewichtsverteilung von Polyarylaten, hergestellt durch akzeptorkatalysierte Polyveresterung. Vysokomol. Soed. (Hochmol. Verbind.), Serija B: Kratkie Soobšč. (Kurzmitt.) **14** (1972) S. 724–725.

[13] *Frazer, A. H.,* Polymer Reviews. Vol. 17: High Temperature Resistant Polymers. New York/London/Sydney/Toronto: Interscience Publishers 1968.

[14] Neue Polyamide. Inh.: *Société Rhodiaceta.* FRP 1351388 vom 6. 1. 1967. Int. Kl.: C 08g 20/00.

Eingegangen am 23. Juni 1975

Pfropfcopolymerisation von α-Bromacrylsäure auf Cellulose

Nagi Naguib Messiha und Michael Hanna Nosseir

National Research Centre, Laboratory of Polymers and Pigments, Cairo-Dokki, ARE

DK 547.458.81:661.728.3:547.397:[678–9.02:66.095.26]:546.655

Der Einfluß der Art und Konzentration verschiedener Säuren auf die Pfropfcopolymerisation von α-Bromacrylsäure auf Cellulose mit adsorbierten Cerionen wurde untersucht. Die günstigsten Ergebnisse hinsichtlich der Bildung des Pfropfcopolymers wurden in einem System mit 0,05 n HCl erhalten.

Прививка α-бромакриловой кислоты к целлюлозе

Изучено влияние природы и концентрации различных кислот на процесс привитой сополимеризации α-бромакриловой кислоты с целлюлозой. Наилучшие результаты в отношении образования привитого сополимера были получены с применением 0,05 N HCl.

Graft Copolymerization of α-Bromine Acrylic Acid onto Cellulose

The effects of kind and concentration of various acids on the graft copolymerization of α-bromine acrylic acid onto cellulose in the presence of ceric ions have been investigated. The most favourable results with respect to the formation of graft copolymers were obtained with 0,05 N HCl.

1. Einleitung

Über die Modifizierung der makromolekularen Eigenschaften von faserförmiger Baumwollcellulose mit Hilfe einer durch freie Radikale initiierten Pfropfcopolymerisation von Vinylmonomeren ist bereits berichtet worden [1, 2].

Die Geschwindigkeit und der Grad der Pfropfcopolymerisation verschiedener Vinylmonomere mit faserförmiger Baumwollcellulose ist von der Methode der Initiierung durch freie Radikale, von der Reaktivität des Monomers gegenüber dem Celluloseradikal, von dem Einfluß des Lösungsmittels und der Morphologie der Cellulosefaser und anderen Versuchsvariablen abhängig [1]. Die Initiierung der Pfropfcopolymerisation mit Cerionen hängt sehr stark vom pH-Wert des Systems ab. Gewöhnlich wird ein schwach saures System verwendet [3 bis 6]. Obwohl es zahlreiche Mitteilungen über die Pfropfcopolymerisation von Vinylmonomeren mit faserförmiger Cellulose gibt, ist bisher sehr wenig mit α-Bromacrylsäure gearbeitet worden. *Kobayashi* und *Watanabe* [7] untersuchten die Polymerisation von α-Bromacrylsäure in wäßrigem Ammoniumhydroxid und berichteten, daß die erhaltenen Polymere zur Faserbehandlung geeignet wären. Die vorliegende Untersuchung zeigt den Einfluß der Art und Konzentration einiger anorganischer Säuren auf die durch Ce^{4+} initiierte Pfropfcopolymerisationsreaktion der α-Bromacrylsäure mit faserförmiger Cellulose.

2. Experimenteller Teil

Materialien

Ägyptische kommerzielle Baumwollflocke wurde durch 3 h Extraktion mit heißem Äthanol gereinigt und dann mit einer 17,5%igen wäßrigen Natronlauge (Verhältnis von Flüssigkeit zu Feststoff 25:1) 2 h bei Raumtemperatur behandelt. Die Fasern wurden mit destilliertem Wasser gewaschen, mit verdünnter Essigsäure angesäuert, mit verdünnter Ammoniumhydroxidlösung neutralisiert und wieder mit destilliertem Wasser ausgewaschen.

α-Bromacrylsäure wurde durch Bromierung von Acrylsäure mit nachfolgender Dehydrohalogenierung mittels

Bariumhydroxid hergestellt [8]. Das Monomer wurde zweimal aus Leichtpetroläther, Kp = 72 °C, umkristallisiert.

Es wurde p. a. Cerammoniumsulfat (E. Merck, Darmstadt) verwendet. Zur Herstellung der sauren Lösungen dienten p. a. Lösungsmittel und destilliertes Wasser.

Pfropfungsreaktion

5 ml der angesäuerten Cerlösung, die 10 mmol Cerammoniumsulfat enthielten, wurden zu 0,2 g Cellulosefasern in einem mit Schliffstopfen versehenen Reagenzglas gegeben. Nach 10 min wurden in jedes Reagenzglas 5 ml der Monomerlösung (die 1 g α-Bromacrylsäure enthielten) mit der gleichen Säurekonzentration hinzugefügt, die Gläser sofort verschlossen, gut geschüttelt und die erforderliche Reaktionszeit stehengelassen. Während der Reaktion wurde die Baumwolle mit der Lösung gut durchtränkt gehalten. Dann wurden die gepfropften Fasern entnommen und gut mit destilliertem Wasser und Methanol gewaschen. Jede der gepfropften Proben wurde ferner mit Aceton 16 h im Soxhlet extrahiert, um Homopolymerisat zu entfernen, und dann bis zur Gewichtskonstanz getrocknet. Der Grad der Pfropfcopolymerisation des Monomers mit der Baumwollcellulose wurde als Massezunahme des gepfropften Faserstoffs gegenüber einer gleichbehandelten Kontrollprobe ohne Zusatz des Monomers ermittelt.

3. Ergebnisse und Diskussion

Das Cerion, ein Einelektronen-Oxydans, hat ein entsprechend niedriges Oxydationspotential, so daß es mit milden Reduktionsmitteln, wie Alkoholen, Polyolen und Polysacchariden reagieren kann. Als ausreichend großes Ion ist es in der Lage, in saurem Medium mit Cellulose in der C_2-C_3-Stellung ein Chelat zu bilden [9], woran sich ein zu freien Radikalen führender oxydativer Abbau anschließt [1, 2 und 10].

Wenn in der Lösung ein Vinylmonomer vorhanden ist, werden Pfropfpolymerisationsreaktionen initiiert. Zum Einfluß der HNO_3-Konzentration auf die Pfropfcopolymerisation von Vinylmonomeren mit Cellulose mit cerionenhaltigen Initiatorsystemen sind bereits Untersuchungen durchgeführt worden [11 bis 13].

In der vorliegenden Arbeit zeigt Bild 1 die Abhängigkeit des Pfropfcopolymerisationsgrades von der Ce^{4+}-Ionenkonzentration im wäßrigen Medium, die in mmol/l angegeben wurde. In diesem System stieg die prozentuale Massezunahme bis zu einem Maximalwert (78%) und nahm wieder ab, wenn die Ce^{4+}-Konzentration größer als 10 mmol/l war.

Bild 2 zeigt den Einfluß der Zeit auf den Pfropfungsgrad bei einer Säurekonzentration von 0,05 n. Wie daraus hervorgeht, nimmt die prozentuale Pfropfung in jedem System, das diese Säuren enthält, im Anfangs-

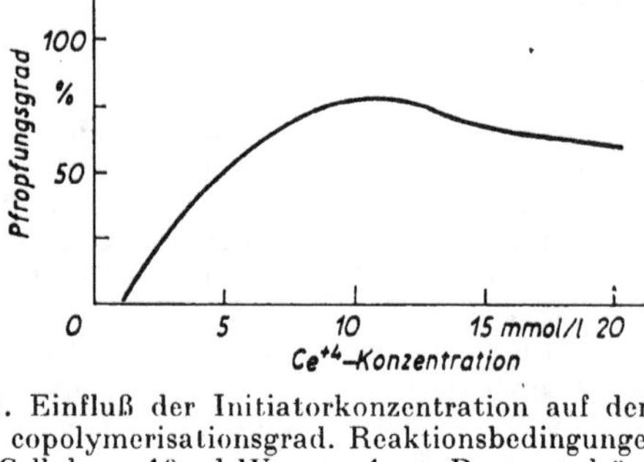

Bild 1. Einfluß der Initiatorkonzentration auf den Pfropfcopolymerisationsgrad. Reaktionsbedingungen: 0,2 g Cellulose; 10 ml Wasser; 1 g α-Bromacrylsäure; 2,5 h

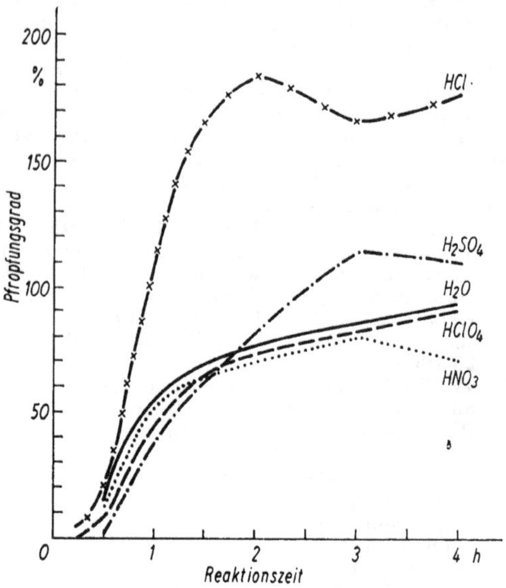

Bild 2. Einfluß der Säure (Konzentration 0,05 n) auf den Pfropfungsgrad in Abhängigkeit von der Reaktionszeit

stadium mit der Zeit zu und erreicht nach einer gewissen Zeit ein Maximum, mit Ausnahme der Systeme Wasser und Perchlorsäure, in denen die prozentuale Pfropfung mit fortschreitender Zeit weiter ansteigt. Die Maxima werden von der Art der Säure bestimmt, wobei sich folgende Abstufung ergab: HCl > H_2SO_4 > Wasser > $HClO_4$ > HNO_3 (184,7; 114,0; 93,0; 91,5 bzw. 82,3%).

Die zeitliche Änderung der prozentualen Pfropfung bei einer Säurekonzentration von 0,1 n ist im Bild 3 dargestellt. Im perchlorsäurehaltigen System steigt die prozentuale Pfropfung kontinuierlich mit der Zeit, während in den Salz-, Salpeter- oder Schwefelsäure enthaltenden Systemen die Pfropfung in jedem Falle nach einer bestimmten Zeit einen Maximalwert erreicht. Diese Maxima liegen in der Reihenfolge HCl > H_2SO_4 > HNO_3 > $HClO_4$ (183,0; 119,6; 99,5 bzw. 91,6%).

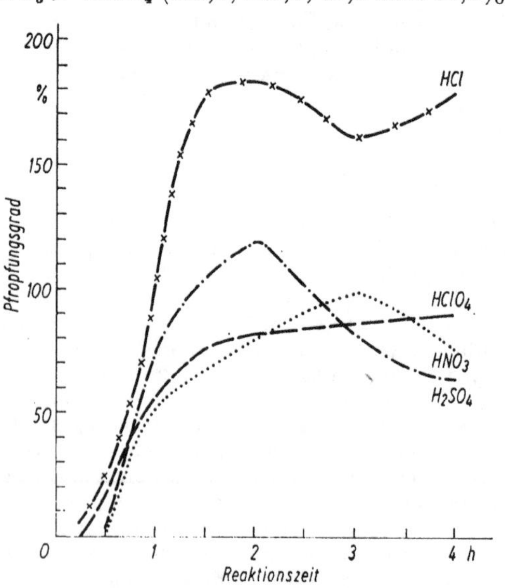

Bild 3. Einfluß der Säure (Konzentration 0,1 n) auf den Pfropfungsgrad in Abhängigkeit von der Reaktionszeit

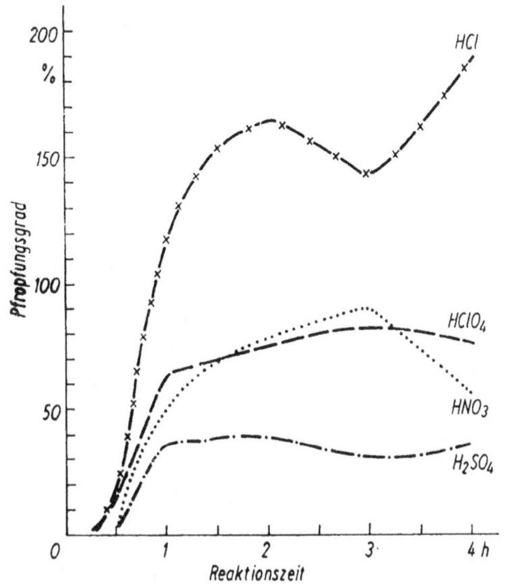

Bild 4. Einfluß der Säure (Konzentration 0,2 n) auf den Pfropfungsgrad in Abhängigkeit von der Reaktionszeit

Bild 4 zeigt die entsprechenden Ergebnisse bei einer Säurekonzentration von 0,2 n. Hier erreicht der Pfropfungsgrad in jedem Falle mit fortschreitender Zeit einen Maximalwert, wobei sich für diese Maxima die Reihenfolge $HCl > HNO_3 > HClO_4 > H_2SO_4$ (188,2; 89,2; 83,9 bzw. 39,1%) ergab.

Aus den Bildern 2 bis 4 war zu ersehen, daß, verglichen mit dem Wasser enthaltenden System (Bild 2), die Art und Konzentration der Säure einen wesentlichen Einfluß auf den Grad und die Geschwindigkeit der Pfropfung ausübt. Für das System mit Salzsäure ist ersichtlich, daß die Konzentration der Säure keinen Einfluß auf die Geschwindigkeit der Pfropfungsreaktion hat und das Maximum nach 2 h erreicht wurde. Demgegenüber hat die Konzentration der Schwefelsäure einen großen Einfluß auf die Geschwindigkeit und den Pfropfungsgrad. So wurde bei Verwendung von 0,05 n Schwefelsäure das Maximum der Pfropfung nach 3 h erhalten. Die Erhöhung der Säurekonzentration auf 0,1 n bewirkt eine Zunahme der Reaktionsgeschwindigkeit, wobei das Maximum (118,6%) nach 2 h erreicht wurde. Eine Steigerung der Schwefelsäurekonzentration auf 0,2 n beeinflußte den Grad der Pfropfung, der auf 39,0% nach 2 h abfiel. In dem Salpetersäure enthaltenden System hatte die Säurekonzentration keinen Einfluß auf die Reaktionsgeschwindigkeit, und das Maximum wurde in jedem Falle nach 3 h erreicht, aber die Salpetersäurekonzentration beeinflußte den Umsetzungsgrad, der in der Reihenfolge $0,05\ n < 0,2\ n < 0,1\ n$ zunahm. Bei Verwendung von Perchlorsäure wurde gefunden, daß die prozentuale Pfropfung mit fortschreitender Zeit ständig zunahm, nur bei Verwendung von 0,2 n Perchlorsäure wurde nach 3 h ein Maximum erhalten. Versuche, den Pfropfungsgrad durch Ermittlung des Bromgehaltes in der gepfropften Cellulose zu bestimmen, blieben erfolglos, da die erhaltenen Werte sehr niedrig lagen. Diese Ergebnisse befinden sich in Übereinstimmung mit den Feststellungen von *Watanabe* u. a. [14], die berichteten, daß bei der strahlungsinduzierten Polymerisation von α-Halogenacrylsäuren eine Eliminierung von Halogenwasserstoff stattfindet und eine intramolekulare Lactonbildung beobachtet wird. Es kann gefolgert werden, daß eine Lactonbildung auch bei der Pfropfung von Cellulose mit α-Bromacrylsäure erfolgt, die von einer Bromwasserstoffabspaltung begleitet ist.

4. Zusammenfassung

Der Einfluß der Art und Konzentration verschiedener Säuren auf die Pfropfcopolymerisation von α-Bromacrylsäure auf Cellulose mit adsorbierten Cerionen wurde untersucht. Bei Verwendung einer Säurekonzentration von 0,05 n ergab das Maximum der prozentualen Pfropfung die Reihenfolge $HCl > H_2SO_4 >$ Wasser $> HClO_4 > HNO_3$, während sich bei Verwendung von 0,1 n Säure die Reihenfolge $HCl > H_2SO_4 > HNO_3 > HClO_4$ und in Gegenwart von 0,2 n Säure die Reihenfolge $HCl > HNO_3 > HClO_4 > H_2SO_4$ ergab. Es wurde eindeutig festgestellt, daß die Geschwindigkeit der Pfropfcopolymerisation von der Art und Konzentration der verwendeten Säure bestimmt wird.

Die günstigsten Ergebnisse hinsichtlich der Bildung des Pfropfcopolymers wurden in einem System mit 0,05 n HCl erhalten.

Literatur

[1] *Arthur, J. C., jr.:* Cellulose graft copolymers. Advances Chem. Ser. (1969) 91 S. 574–591.
[2] *Arthur, J. C., jr.:* Graft polymerization onto polysaccharides. Advances macromol. Chem. **2** (1970) S. 1–87.
[3] *Terasaki, I.*, und *Matsuki, M.:* Studies on oxidation of cellulose by ceric salt and graft copolymerization. Seni-i Gakkaishi (J. Soc. Fiber Sci. Technol., Japan) **18** (1962) S. 147–152.
[4] *Saldick, J.:* Thermal initiation of vinyl polymerization by ceric solutions. J. Polymer Sci. **19** (1956) S. 73–75.
[5] *Ananthanarayanan, V. S.*, und *Santappa, M.:* Kinetics of vinyl polymerization initiated by ceric ion in aqueous solution. J. appl. Polymer Sci. **9** (1965) S. 2437–2449.
[6] *Kubota, H.*, und *Ogiwara, Y.:* Graft copolymerization onto cellulose by ceric ion initiator system. Effect of kind of acid and irradiation with ultraviolet light. J. appl. Polymer Sci. **14** (1970) S. 2611–2618.
[7] Wasserlösliche Poly-α-aminoacrylsäuren. JAP 1870/68 vom 23. 1. 64. Erf.: *Kobayshi, Y.*, und *Watanabe, H.* Inh.: Toyo Spinning Co. Kl. 26 B 151.
[8] *Marvel, C. S., Joseph, Dec, Cooke, H. G., jr.*, und *Cowan, J. C.:* Polymers of the α-haloacrylic acids and their derivatives. J. Amer. Chem. Soc. **62** (1940) S. 3495 bis 3498.
[9] *Kurljankina, V. I., Koz'mina, O. P., Chripunov, A. K., Molotkov, V. A.*, und *Novoselova, T. D.:* Bildung von Cerkomplexen mit Cellulose und anderen hydroxylhaltigen Verbindungen. Dokl. Akad. Nauk SSSR (Ber. Akad. Wiss. UdSSR) **172** (1967) 2, S. 341–344.
[10] *Arthur, J. C., jr., Baugh, P. J.*, und *Hinojosa, O.:* ESR study of reactions of cellulose initiated by the ceric ion method. J. appl. Polymer Sci. **10** (1966) S. 1591 bis 1601.
[11] *Ide, F.:* Vinyl polymers. X. Graft polymerization of methyl acrylate and acrylonitrile on cellulose. Kogyo Kagaku Zasshi **65** (1962) S. 82–88.
[12] *Suzuki, K., Kido, I., Takeuchi, H., Nakazawa, S., Yoshida, T.*, und *Hata, S.:* Vapor-phase grafting of vinyl monomers onto rayon with use of cerium as an initiator. Seni-i Gakkaishi (J. Soc. Fiber Sci. Technol., Japan) **20** (1964) S. 311–318.
[13] *Rao, S. R.*, und *Kapur, S. L.:* Grafting of acrylonitrile onto cellulose initiated by ceric ion. J. appl. Polymer Sci. **13** (1969) S. 2649–2656.
[14] *Watanabe, H.*, und *Murano, N.:* X-ray-induced polymerization of α-haloacrylic acids. J. Polymer Sci., A-1: Polymer Chem. (1971) S. 911–918.

Eingegangen am 9. Juni 1975

Faserforschung und Textiltechnik 26 (1975) Heft 12
Zeitschrift für Polymerforschung

Untersuchungen zur Bestimmung und Beseitigung der Lösungsmittel-Retention in Polyacrylnitril

Gottfried Glöckner, Walter Kaufmann, Erika Abdellatif und Siegfried Riedel

Technische Universität Dresden, Sektion Chemie

DK 678.745.32—416:547.298.11'211:66.062.855.5:539.612:543.812.4:543.52

Am Beispiel von aus Dimethylformamid-Lösungen gegossenen Polyacrylnitril-Filmen werden die Grenzen abgesteckt, auf die die klassischen experimentellen Methoden zur Beseitigung der Lösungsmittel-Retention stoßen. Gravimetrie und Radiochemie dienten zur quantitativen, IR-Spektroskopie und Differentialthermoanalyse zur qualitativen analytischen Bestimmung der eingeschlossenen Fremdkomponenten. Mittels radiochemischer Untersuchungen konnten die Diffusionskoeffizienten des Dimethylformamids bei verschiedenen Temperaturen bestimmt sowie scheinbare Aktivierungsenergien in Filmen unterschiedlicher Dicke berechnet werden.

Исследования по определению и устранению удерживания растворителя полиакрилонитрилом

На примере пленок полиакрилонитрила, отлитых из его растворов в диметилформамиде, показываются границы классических экспериментальных методов устранения удерживания растворителя. Для количественного определения включенных примесей использовались гравиметрический и радиохимический методы, а для их качественного аналитического определения — ИК-спектроскопия и дифференциально-термический анализ. При помощи радиохимических исследований определялись коэффициенты диффузии диметилформамида при различных температурах и вычислялись величины кажущейся энергии активации для пленок различной толщины.

Investigations on the Determination and Elimination of the Solvent Retention in Polyacrylonitrile

The limitations of conventional methods for eliminating the solvent retention are explained for polyacrylonitrile films cast from solutions in dimethylformamide. The impurities included were determined quantitatively by gravimetry and radiochemistry and qualitatively by IR spectroscopy and DTA. Based on radiochemical investigations the diffusion coefficients of dimethylformamide at various temperatures were determined and the apparent activation energy in films of different thickness was calculated.

1. Einleitung

Die Lösungsmittel-Retention in polymeren Stoffen beansprucht in verschiedener Hinsicht erhebliches praktisches Interesse. An erster Stelle sind wohl die negativen Einflüsse zu nennen, die Lösungsmittelreste auf den Gebrauchswert von Formkörpern aus polymerem Material ausüben. So können z. B. die Formbeständigkeiten in der Wärme erniedrigt sein, es können Formänderungen (Schrumpf) oder Trockenrisse auftreten, Geruchsbildung bzw. u. U. sogar toxisches Verhalten resultieren.

Es ist auch mehr als eine historische Kuriosität, daß die Lösungsmittel-Retention gleich bei den ersten Anfängen einer Hochpolymerentechnologie als Störfaktor hervortrat. Die 1866 in London gegründete „Parkesin-Corporation" mußte bereits 2 Jahre nach ihrer Entstehung wegen Schrumpf und kurzer Gebrauchsdauer der verkauften Ware in Konkurs gehen. Das von dieser Firma auf den Markt gebrachte PARKESIN, bestehend aus Nitrocellulose und Lösungsmittel (Nitrobenzol, Anilin, Eisessig), kam ungenügend getrocknet zum Verkauf.

So ging auch der Erfindung des Celluloids durch *Hyatt* in den USA jahrelanges erfolgloses Experimentieren mit Nitrocellulose-Lösungen voraus. Erst der Gedanke, anstelle der Nitrocellulose-Lösungen, aus denen das Lösungsmittel nicht vollständig zu entfernen war, Nitrocellulose/Alkohol-Suspensionen zu verwenden, in die in der Wärme Campher eingearbeitet wurde, führte zum Erfolg.

Große Bedeutung ist auch den Auswirkungen des Lösungsmittel-Einschlusses auf analytische Fragestellungen beizumessen. Unberücksichtigte bzw. unerkannte Retention führt zu beträchtlichen Fehlaussagen. Bei Copolymeren können Lösungsmittelreste Fehler bei der chemischen Charakterisierung hervorrufen.

Auch für präparative Zwecke (Herstellung von Filmen für Sorption, Permeation, biologische Membranen) erweist es sich als dringend geboten, lösungsmittelfreie Polymere zu gewinnen.

Staudinger [1] hat als erster die Erscheinung der Lösungsmittel-Zurückhaltung erkannt und experimentell nachgewiesen, die er als ein „Einklemmen" der Lösungsmittel-Moleküle zwischen den Makromolekülen interpretierte.

Aus heutiger Sicht ist die Retention in Polymeren in der behinderten Diffusion der vorhandenen Fremdstoffe (Lösungsmittel, Monomere u. dgl.) unterhalb der Einfriertemperatur zu verstehen [2].

Schon geringe Mengen Lösungsmittel in Polymeren bewirken beträchtliche Eigenschaftsveränderungen. Besonders zwei Effekte treten dabei in den Vordergrund:

1. ein Weichmachungseffekt [3],
2. ein Schrumpfungseffekt [4].

Die Wechselwirkungen zwischen Polymersystemen und niedermolekularen Stoffen führen verständlicherweise zu Veränderungen in der Polymerkonformation sowie zu einer Erniedrigung der Einfriertemperatur durch Lösungsmittel (äußere Weichmachung). Entsprechende Messungen an Dimethylformamid enthaltenden Polymerfilmen ließen eine Depression der Einfriertemperatur von ca. 5 °C für ein Prozent Lösungsmittel erkennen [3]. Daneben erleichtert zurückgehaltenes Lösungsmittel besonders bei zusätzlicher Wärmeeinwirkung die Desorientierung der Kettenmoleküle und führt zum Schrumpf.

Während Lösungsmittel oder Monomere unerwünschte „Verunreinigungen" in Polymeren darstellen, ist in vielen Fällen für die technische Anwendung der Zusatz von niedermolekularen Verbindungen als Weichmacher unumgänglich. Dabei wird an diese Stoffe die Forderung gestellt, auch im kautschukelastischen Zustand im Polymer zu verbleiben.

Grundsätzlich kann angenommen werden, daß ein erwünschtes oder unerwünschtes Weichmachen durch Niedermolekulare nur die nebenvalenzartigen Bindungen beeinflußt.

Ein nicht vernachlässigbarer Gesichtspunkt bei der Beurteilung des Rückhaltevermögens von Polymeren ist in diesem Zusammenhang die „Güte" des eingeschlossenen Lösungsmittels.

„Schlechte Lösungsmittel" gehen als polymerunverträgliche Stoffe im allgemeinen keine oder nur geringe intermolekulare Wechselwirkungen ein, so daß sie sich besser als „gute Lösungsmittel" aus Polymeren entfernen lassen sollten.

Als ein weiterer Aspekt für die Charakterisierung einer Retention ist die unterschiedliche Flüchtigkeit der eingeschlossenen Fremdstoffe zu sehen. Die aus dem Polymer abgegebene Menge steht in direktem Verhältnis zur Flüchtigkeit des Stoffes.

Die Abgabegeschwindigkeit bei einer bestimmten Temperatur ist eine Funktion der im Polymer befindlichen absoluten Menge, der Diffusionsgeschwindigkeit bzw. des Diffusionskoeffizienten und des mit der Flüchtigkeit korrelierenden Dampfdruckes.

Bei Polymeren im Glaszustand, die niedrigsiedende Lösungsmittel enthalten, darf angenommen werden, daß der geschwindigkeitsbestimmende Schritt der Lösungsmittelabgabe die Diffusion des Fremdstoffes an die Polymeroberfläche darstellt.

Dagegen kann für hochsiedende retendierte Lösungsmittel (bei nicht zu geringer Konzentration) davon ausgegangen werden, daß die Abgabe wesentlich von der Verdampfungsgeschwindigkeit bestimmt wird.

Für Polyacrylnitril (PAN) stellt Dimethylformamid (DMF) sowohl in der Industrie als auch im Labor das konventionelle Lösungsmittel dar. Das aus DMF-Lösung gesponnene und technisch verwendete PAN kann bis zu 10 Masse-% DMF enthalten. Diese Lösungsmittel-Reste lassen sich nur schwer und sehr kostenaufwendig, meistens mittels spezieller thermischer Behandlungsmethoden, entfernen. Unter den üblichen Einsatzbedingungen führt die Hydrolyseempfindlichkeit zur Dimethylaminbildung, die den Abbau [5, 6] des Polymers und insbesondere die Ringbildung im PAN fördert [7].

2. *Möglichkeiten zur meßtechnischen Erfassung einer DMF-Retention*

In der Literatur sind für die quantitative Erfassung von retendiertem DMF hauptsächlich solche Methoden beschrieben, die auf der Bestimmung der unter hydrolytischen Bedingungen erhaltenen Verseifungsprodukte basieren. Das neben Ameisensäure entstehende Dimethylamin wird acidimetrisch [8 bis 10], polarographisch [11], refraktometrisch [12] oder kolorimetrisch [13 bis 16] bestimmt, wobei *Massmann* [14] eine kolorimetrische DMF-Direktbestimmungsmethode beschreibt. Einen weiteren, direkten quantitativen DMF-Nachweis in PAN führte *Schmolke* [17] mit Hilfe der IR-Spektroskopie. Seine Auswertung beruht auf dem Intensitätsvergleich der bei ca. 1672 cm^{-1} auftretenden $>C=O$ Valenzschwingung [18] und der bei 2240 cm^{-1} vorhandenen $-C\equiv N$ Valenzschwingung des PAN als Bezugsbande. Die Schichtdicke des verwendeten Polymermaterials wird damit eliminiert.

Nestler und *Mai* [19] führten eine gaschromatographische Bestimmung des in PAN-Fasern retendierten DMF durch, wobei das bei der Wasser-Extraktion anfallende Extraktionsgemisch gaschromatographisch analysiert wurde. Eine direkte gaschromatographische Bestimmung von Lösungsmittelresten in Folien wurde von *Sahli* [20] vorgenommen, der im Gaschromatographen das Lösungsmittel mit dem Trägergas austrieb.

3. *Experimentelle Untersuchungen und Ergebnisse*

In der vorliegenden Arbeit sollen am Beispiel von aus DMF-Lösung gegossenen PAN-Folien die Grenzen abgesteckt werden, auf die die klassischen Methoden der Vakuumtrocknung, der Lösungsmittel-Extraktion und des Umfällens von Polymeren bei der Beseitigung der Lösungsmittel-Retention stoßen. Gravimetrie und Radiochemie dienten dabei zur quantitativen, IR-Spektroskopie und Differentialthermoanalyse zur qualitativen analytischen Bestimmung der Retention.

3.1. Beseitigung der DMF-Retention durch Vakuumtrocknung

Eine den geringsten praktischen Aufwand erfordernde Möglichkeit, in Polymeren physikalisch gebundenes Lösungsmittel oder Monomer zu entfernen, stellt die Vakuumtrocknung dar.

Diese Methode nutzend, wurden mehrere luftgetrocknete PAN-Folien, deren mittlerer Lösungsmittel(DMF)-Gehalt zu 9% mittels einer Mikrowaage bestimmt wurde, bei 60 °C und 0,1 Torr im Vakuumtrockenschrank bis zur Massekonstanz getrocknet.

Unsere Untersuchungen wurden generell an PAN-Folien vorgenommen, die aus DMF- bzw. ^{14}C-DMF-Lösung gegossen waren.

Für die Herstellung der Folien wurde technisch gewonnenes PAN-Pulver, das mit destilliertem Wasser gewaschen und im Vakuumtrockenschrank bis zur Massekonstanz getrocknet war, verwendet.

500 bis 600 mg des so vorbehandelten PAN wurden im *Erlenmeyer*-Kolben eingewogen und mit 15 ml frisch destilliertem DMF (3,5 bis 4,0%ige Lösung) bei 40 °C gelöst. Nach 2 h konnte die homogene Lösung in eine auf Quecksilber schwimmende Petrischale mit ebenem Boden gegossen werden. Die Temperatur des Quecksilbers wurde während der Foliengewinnung auf ca. 60 °C gehalten. Nach 8 h ließen sich die Folien vom Glas abheben.

Die Herstellung der aus ^{14}C-DMF [21] gegossenen Folien erfolgte in einem auf 60 °C temperierten *Witt*schen Topf, in dem die Petrischale mit der PAN-Lösung auf Quecksilber lagerte.

Mit Hilfe einer Wasserstrahlpumpe wurde ein mit konzentrierter Schwefelsäure getrockneter, feiner Luftstrom durch die Apparatur, an die noch ein *Liebig*-Kühler angeschlossen war, gesaugt. Nach 12 h war das ^{14}C-DMF abdestilliert, und die Folien waren fertiggestellt. Während die Endtrocknung der unmarkierten PAN-Folien im Vakuumtrockenschrank vorgenommen wurde, kamen für die aus ^{14}C-DMF-Lösung hergestellten Folien Trockenpistolen (Trockenmittel: Phosphorpentoxid) zum Einsatz. Im Bild 1 ist die prozentuale DMF-Retention in Abhängigkeit von der Trocknungszeit bei unterschiedlich DMF enthaltenden Folien dargestellt.

Man erkennt, daß bei konstanten Parametern Temperatur und Druck die Effektivität der Trocknung wesentlich von den vorgegebenen Ausgangsgehalten des Lösungsmittels mitbestimmt wird. Die Trocknungsgeschwindigkeit wird um so geringer, je niedriger die DMF-Ausgangswerte liegen. Sie nimmt desweiteren mit zunehmender Trocknungszeit stark ab und geht gegen Null. Ebenso strebt der Retentionsgrad einem nahezu konstanten Wert, dem Gleichgewichtswert, zu.

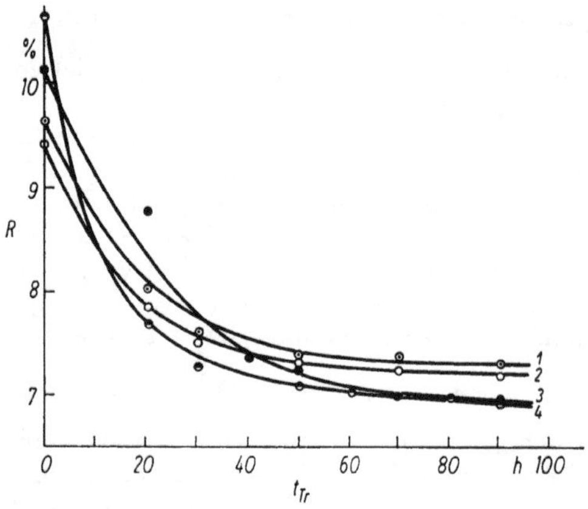

Bild 1. Abhängigkeit des DMF-Gehaltes von der Trocknungszeit t_{Tr} in PAN-Folien unterschiedlicher Ausgangsretention R bei 60 °C und 0,1 Torr

Lösungsmittel können sowohl an der Oberfläche adsorbiert werden (Kapillarkondensation) als auch, wie beim Vorliegen einer Retention, im Polymer gebunden werden. Im letzteren Fall wird der geschwindigkeitsbestimmende Schritt für die Lösungsmittelabgabe durch die Diffusion des Lösungsmittels im Polymer bzw. die Verdampfungsgeschwindigkeit der flüchtigen Komponente festgelegt.

Nimmt man an, daß sich die Gesamtretention R_{Ges} aus der Gleichgewichtsretention R^+ und einer freien Retention R zusammensetzt:

$$R_{Ges} = R^+ + R \tag{1}$$

und daß a) R^+ sich sofort an der Oberfläche einstellt,
b) der Diffusionskoeffizient D des Lösungsmittels zeitlich und örtlich konstant ist,
c) keine Volumenänderung der Folie während der Trocknung eintritt,

läßt sich die für die Trocknung gültige Diffusionsgleichung [22 bis 24] auf die Lösungsmittel-Retention in Hochpolymeren übertragen.

Die freie Retention R kann dann nach der Gleichung (2) berechnet werden.

$$R = R_0 \cdot A \cdot \exp(-a \cdot D \cdot t), \tag{2}$$

R = freie Retention,
R_0 = Anfangs-Lösungsmittel-Gehalt zur Zeit $t = 0$,
A = formspezifische Konstante,
a = Formfaktor in cm^{-2},
D = Diffusionskoeffizient in cm^2/s.

Aus der Gleichung kann die Geschwindigkeit der Lösungsmittelabgabe berechnet und bei Kenntnis von a und D quantitativ bestimmt werden:

$$V_{LMA} = -\frac{dR}{dt} = R_0 A \cdot a \cdot D \cdot \exp(-aDt) = a \cdot D \cdot R. \tag{3}$$

Faßt man die in Gleichung (3) auftretenden Unbekannten a und D in einer Größe k zusammen,

$$a \cdot D = k, \tag{4}$$

liefert die Trennung der Variablen in Gleichung (3)

$$d \ln R = -k\, dt. \tag{5}$$

Die Integration von Gleichung (5):

$$\int_{R_0}^{R} d \ln R = -k \int_0^t dt$$

in den angegebenen Grenzen ergibt Gleichung (6):

$$\ln \frac{R}{R_0} = -k \cdot t. \tag{6}$$

Bei der graphischen Darstellung dieser Funktion auf Exponentialpapier kann k aus dem Anstieg der erhaltenen Geraden sehr einfach ermittelt werden.

Bei der Beurteilung der Geschwindigkeit der Lösungsmittelabgabe darf die Foliendicke als ein mitbestimmender Faktor nicht unberücksichtigt bleiben.

Unsere Untersuchungen wurden an Folien mit einer Dicke d von 60 bis 78 μm vorgenommen. Im genannten Bereich wiesen die dünneren und dickeren PAN-Folien keine wesentlichen Unterschiede in ihrem DMF-Gehalt auf. Stark kam die Foliendicke bei der Beseitigung der eingeschlossenen Lösungsmittel zur Geltung, wie man Bild 2 entnehmen kann.

Gemäß Gleichung (6) ist auf der Ordinate die reduzierte freie Retention R/R_0 über der Trocknungszeit bei verschiedenen Trocknungstemperaturen und unterschiedlichen Foliendicken in halblogarithmischer Darstellung wiedergegeben.

Aus Bild 2 ist zu entnehmen, daß Folien mit einer Dicke $d \geqq 70$ μm das Lösungsmittel langsamer abgeben, als die mit einer Dicke $d < 70$ μm.

Die der graphischen Darstellung entnommenen k-Werte sind in Tabelle 1 zusammengestellt.

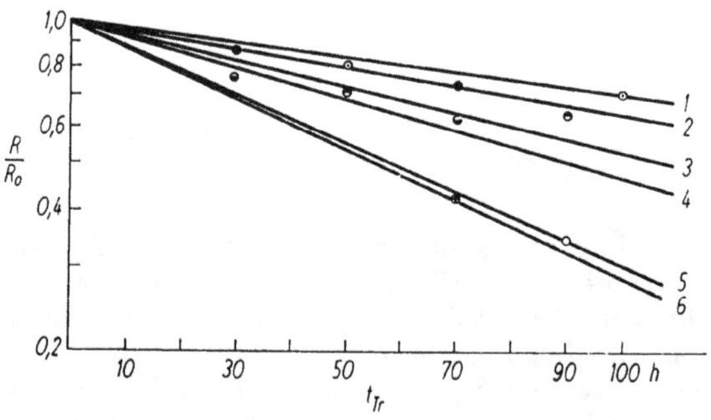

Bild. 2. Reduzierte freie DMF-Retention von PAN-Folien unterschiedlicher Dicke d und variablen Trocknungstemperaturen in Abhängigkeit von der Trocknungszeit t_{Tr}.
1 (⊙): $\bar{d}$ = 75 μm, T = 60 °C; 2 (●): $\bar{d}$ = 65 μm, T = 60 °C; 3 (◓): $\bar{d}$ = 75 μm, T = 80 °C; 4 (◒): $\bar{d}$ = 65 μm, T = 80 °C; 5 (O): $\bar{d}$ = 75 μm, T = 100 °C; 6 (⊗): $\bar{d}$ = 65 μm, T = 100 °C

Tabelle 1. Zusammenstellung von experimentell und rechnerisch ermittelten Größen

T °C	$\bar{d}$ μm	$a \cdot 10^{-4}$ cm^{-2}	$k \cdot 10^3$ h^{-1}	$D \cdot 10^{11}$ cm^2/s	E_A* kcal/mol
60		5,8	4,39	2,10	
80	65	5,8	7,42	3,55	6,3
100		5,8	12,20	5,85	
60		4,35	3,36	2,15	
80	75	4,35	6,65	4,25	7,8
100		4,35	11,70	7,48	

Von der Tatsache ausgehend, daß für die verwendeten Folien der Formfaktor a einen konstanten Wert besitzt, resultieren die verschiedenen k-Werte aus den unterschiedlichen Diffusionskoeffizienten.

Aus diesem Ergebnis kann gefolgert werden, daß die Beseitigung des DMF aus PAN-Folien durch Trocknung ein diffusionskontrollierter Prozeß ist. Mit den graphisch bestimmten k-Werten und dem für die Folien zugrunde gelegten Faktor a, der nach der Beziehung (7)

$$a = \pi^2/4d^2 \tag{7}$$

berechnet wurde, konnten Diffusionskoeffizienten gewonnen werden (Tabelle 1). Ein Vergleich der einzelnen Werte weist auf das Vorliegen einer „nicht *Fick*schen“ Diffusion hin, wie sie für inhomogene Systeme erwartet wird.

Die Temperaturabhängigkeit des Diffusionskoeffizienten D läßt sich ganz allgemein durch die Beziehung (8) ausdrücken [25, 26]:

$$\ln D = -K_1/T + \ln K_2, \tag{8}$$

K_1, K_2: Konstanten.
Mit zunehmender Temperatur tritt, entsprechend Gleichung (8), eine exponentielle Zunahme des Diffusionskoeffizienten D ein.

Es wird aber hier auf eine weitere Diskussion der Temperaturabhängigkeit der Diffusion des DMF im PAN verzichtet, weil die Bedingungen für konstante Lösungsmittelkonzentrationen bzw. Konzentrationsdifferenzen nicht gewährleistet sind. Ein Vergleich der von uns ermittelten Diffusionskoeffizienten mit denen aus anderen Lösungsmittel/Polyacrylnitril-Systemen war durch das Fehlen von Literaturwerten nicht möglich.

Die Kenntnis der Größe k bei verschiedenen Trocknungstemperaturen ermöglicht die Bestimmung von Aktivierungsenergien der DMF-Abgabe in Folien unterschiedlicher Dicke mit Hilfe der umgeformten *Arrhenius*-Gleichung

$$d \ln k/d\left(\frac{1}{T}\right) = E_A/R. \tag{9}$$

Die Anwendung der *Arrhenius*-Gleichung ist streng genommen nur für Gase erlaubt, so daß die von uns gewonnenen Aktivierungsenergien nur beschreibende Größen darstellen und deshalb auch als „scheinbare Aktivierungsenergien“ bezeichnet werden.[1]) Die berechneten Größen sollten aber zumindest eine Abschätzung für das unterschiedliche Rückhaltevermögen von DMF enthaltenden PAN-Folien unter den gewählten Bedingungen ermöglichen.

Für die Auswertung ist im Bild 3 der dekadische Logarithmus von k gegen die reziproke absolute Trocknungstemperatur aufgetragen. Es ist ersichtlich, daß sich die aus Bild 2 entnommenen Werte durch eine Gerade beschreiben lassen. Die durch den Anstieg festgelegten scheinbaren Aktivierungsenergien sind in Tabelle 1 mit aufgeführt. Betrachtet man die Aktivierungsenergie als die Mindestenergie, die einem Lösungsmittel/Polymer-System für eine Beseitigung des Lösungsmittels zugeführt werden muß, so ist diese Energie Ausdruck für die Stärke der zwischen den Polymerketten sowie zwischen Lösungsmittel und Polymer herrschenden intra- und intermolekularen Kräfte. Aus unseren Ergebnissen läßt sich der Einfluß der Foliendicke auf die Aktivierungsenergie ablesen. Mit zunehmender Dicke steigt die Aktivierungsenergie. Durch den absoluten Betrag der Aktivierungsenergie wird die Reaktionsgeschwindigkeit festgelegt. Der bei PAN-Folien mit einer Dicke zwischen 70 und 78 µm gefundene Wert für E_A deutet darauf hin, daß die Lösungsmittelabgabe langsamer als bei dünnen Folien erfolgt, aber schneller mit der Temperatur steigt.

[1]) Sie können aus diesem Grunde nur mit Vorsicht interpretiert werden.

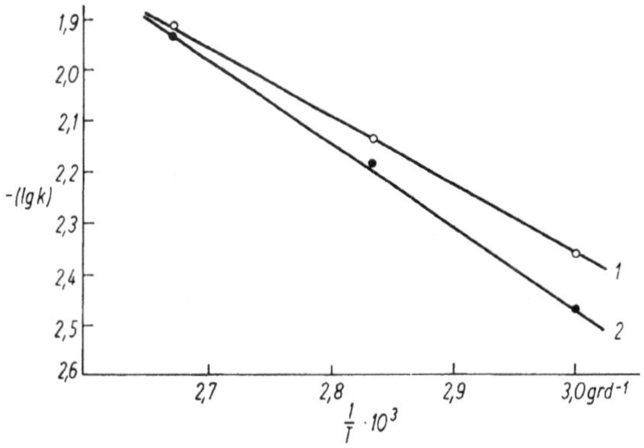

Bild 3. Abhängigkeit der k-Werte von der reziproken absoluten Temperatur für PAN-Folien mit einer mittleren Dicke $\bar{d} = 65$ µm (1) und $\bar{d} = 75$ µm (2)

Um den Einfluß der Trocknungstemperatur auf den Lösungsmittelgehalt in Folien zu ermitteln, wurden die Untersuchungen ebenfalls an ^{14}C-DMF enthaltenden Folien durchgeführt.

Im Bild 4 ist die DMF-Retention als Funktion der Trocknungstemperatur wiedergegeben. Wie zu erwarten, geht mit steigender Trocknungstemperatur der DMF-Anteil in den Folien stark zurück. Diese Abnahme erfolgt jedoch nicht linear, sondern exponentiell.

Der Rückgang der Retention mit steigender Temperatur liegt in der Temperaturabhängigkeit des Diffusionskoeffizienten D und der *Henry*schen Gleichgewichtskonstanten K_R^+ begründet.

Die im Vakuumtrockenschrank erreichbare Gleichgewichtsretention R^+ wird durch die den Variablen Trocknungstemperatur und Druck zugehörige Gleich-

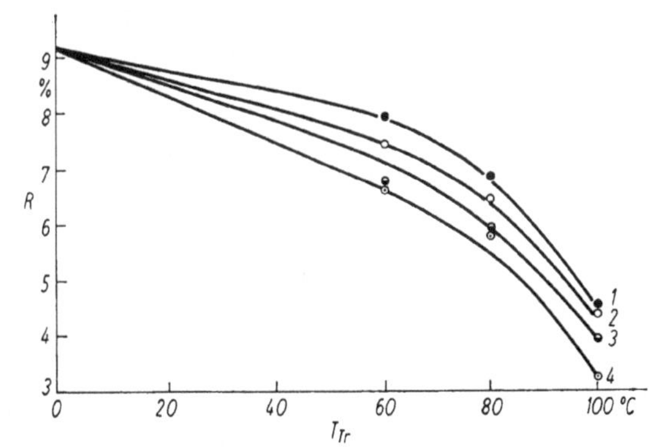

Bild 4. Abhängigkeit der DMF-Retention R einer ^{14}C-DMF enthaltenden PAN-Folie von der Trocknungstemperatur T_{Tr} bei verschiedenen Trocknungszeiten t_{Tr}.
1: $t_{Tr} = 30$ h; 2: $t_{Tr} = 50$ h; 3: $t_{Tr} = 70$ h; 4: $t_{Tr} = 90$ h

gewichtskonstante K_R fixiert, die sich aus dem *Henry*schen Gesetz ergibt:

$$K_R{}^+ = R^+/p \quad (10)$$

mit

R^+ = Gleichgewichtsretention $\left[\frac{\text{mg Lösungsmittel}}{\text{mg Polymer}}\right]$,
$K_R{}^+$ = Gleichgewichtskonstante der Retention,
p = Lösungsmittel-Partialdruck (Torr).

Aus den Gleichungen (1), (2) und (10) ergibt sich für die Gesamtretention R_{Ges}:

$$R_{\text{Ges}} = R_0 \cdot A \cdot \exp(-aDt) + p \cdot K_R{}^+ \quad (11)$$

und für die Geschwindigkeit des Abgabevorganges

$$\frac{dR_{\text{Ges}}}{dt} = -aDR = -aD(R_{\text{Ges}} - R^+). \quad (12)$$

Während aus Gleichung (12) hervorgeht, daß bei Identität von R_{Ges} und R^+ kein Lösungsmittel abgegeben wird, demonstriert Gleichung (11) die Möglichkeit, mit Hilfe der Variablen a, t, p und T (nach Gleichung (8)) die Gesamtretention R_{Ges} auf jeden Wert $< R_0$ festzulegen.

Die gefundenen praktischen Ergebnisse erfüllen bezüglich Trocknungstemperatur und Trocknungszeit diese Forderung. Es läßt sich die Schlußfolgerung ziehen: Optimale Bedingungen zur Beseitigung von in Polymeren zurückgehaltenen Lösungsmitteln sind durch praktisch vertretbare hohe Trocknungstemperaturen und kurze Trocknungszeiten gegeben.

Selbstverständlich hängen die hier mitgeteilten Ergebnisse von den angewandten Versuchsbedingungen ab. Es leuchtet ein, daß Polymere, die ständig der Luft ausgesetzt sind, kontinuierlich ihr Lösungsmittel abgeben. Bei DMF enthaltenden Polymeren ist dabei noch der Umstand zu berücksichtigen, daß eine Hydrolyse zu Ameisensäure und Dimethylamin erfolgt, die größere Flüchtigkeit als die Ausgangskomponente aufweisen.

3.2. Beseitigung der DMF-Retention durch Extraktion

Wie die Trocknung, so ermöglicht auch eine Extraktion mit Flüssigkeiten, die das eingesetzte Polymer nicht lösen, die Entfernung der in Polymerfilmen zurückgehaltenen niedermolekularen Fremdstoffe.

Faßt man das Lösungsmittel enthaltende Polymer als die eine und das zur Extraktion verwendete Lösungsmittel als die andere Phase auf, läßt sich der *Nernst*sche Verteilungssatz auf dieses System anwenden.

Die Extraktion wurde im Soxhlet vorgenommen. Es wurden die Lösungsmittel Aceton, Methanol, Benzol und Tetrachlorkohlenstoff eingesetzt.

Für diese Variante der Lösungsmittelbeseitigung spielen inter- und intramolekulare Wechselwirkungen in der Polymermatrix eine entscheidende Rolle.

Im PAN, das ein sehr dicht aufgebautes Polymer darstellt, werden schon Platzwechselvorgänge von kleinen Molekülen erschwert sein, so daß auch der Molekülkonstitution dieser Verbindungen Beachtung geschenkt werden muß. Daneben muß an die eingesetzten Extraktionsmittel die Forderung gestellt werden, schnell in das Polymer einzudiffundieren, die solvatisierende Wirkung des DMF zu kompensieren und selbst keine oder nur geringe Wechselwirkungen mit dem Polymer einzugehen, um so eine Elution zu ermöglichen.

Bei der Untersuchung der DMF-Abgabe in Abhängigkeit von der Extraktionszeit unter Verwenden der oben genannten Extraktionsmittel konnte mit zunehmender Extraktionsdauer eine Abnahme der niedermolekularen Komponente im polymeren Material festgestellt werden.

Nach 100 h Extraktion war in allen Fällen ein Grenzwert erreicht. Längere Extraktion zeigte keinen weiteren Nutzen. Die vorgenommenen gravimetrischen Gehaltsbestimmungen ließen aber die Frage offen, ob es sich bei den erhaltenen Grenzwerten um die des reinen DMF, oder um die von Gemischen mit mehr oder weniger großen Anteilen der Extraktionsmittel handelt. Um diese Frage beantworten zu können, wurden ^{14}C-markierte Lösungsmittel Aceton, Methanol und Benzol als Extraktionsmittel eingesetzt. Hierdurch war die Retention der für die Extraktion verwendeten Lösungsmittel quantitativ erfaßbar. Auf diese Weise wurde der Nachweis erbracht, daß diese selbst im unterschiedlichen Grad im Polymer verbleiben. Die Konzentration der Extraktionsmittel ^{14}C-Aceton und ^{14}C-Methanol steigt mit zunehmender Extraktionsdauer, während die von ^{14}C-Benzol (im Polymer) bereits nach 40 h Einwirkung ein Gleichgewicht erreicht hat (Bild 5).

Für die Bestimmung des ^{14}C-Lösungsmittelanteils in den Filmen wurde die Flüssig-Szintillationsmessung (LS-Messung) angewandt. Zur Verbrennung der Proben als Vorstufe für die LS-Messungen wurde der Mikroelementaranalyseapparat nach *Knobloch* [27] eingesetzt. Die zu untersuchenden PAN-Folien (Einwaagen bis 10 mg) wurden bei ca. 750 °C verbrannt und die entstandenen Reaktionsprodukte in Äthanolamin/Methylglykol absorbiert.

Als Szintillatorlösung dienten 2.5-Diphenyloxazol (PPO) und Dimethyl POPOP. ^{14}C-markierte Benzoesäure wurde als innerer Standard verwendet. Der Rückgang des in den PAN-Folien vorhandenen DMF während der Extraktion wurde ebenfalls mittels ^{14}C-Markierung verfolgt und ermittelt.

Eine aus ^{14}C-DMF-Lösung hergestellte Folie mit einem Ausgangslösungsmittelgehalt von 9,18% enthielt nach 80 h Methanolextraktion nur noch 0,06% DMF. Bei Verwendung von Aceton genügte bereits eine Extraktionsdauer von 40 h, um den DMF-Gehalt auf 0,05% zu

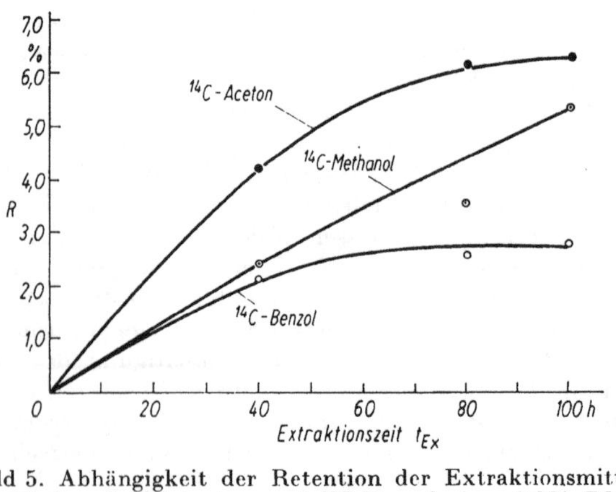

Bild 5. Abhängigkeit der Retention der Extraktionsmittel ^{14}C-Methanol, ^{14}C-Aceton und ^{14}C-Benzol einer 9,2% DMF enthaltenden PAN-Folie von der Extraktionszeit t_{Ex}

Tabelle 2. Abnahme der Lösungsmittel-Retention in PAN-Folien nach Extraktion mit Aceton, Methanol, Benzol und nachfolgender Trocknung (T = 60 °C, p = 0,1 Torr)

Extraktionsmittel	Trocknungszeit t_{Tr} h	Extraktionszeit t_{Ex} in h: 20		40		80		100	
		Masse der Folien in mg							
		87,04	9,1+	89,01	9,0+	97,56	9,0+		
Aceton	21	86,18	8,0	88,33	8,1	96,78	8,0		
	92	84,61	6,1	85,00	4,2	93,25	4,1		
		81,31	8,1+	88,00	7,4+	87,80	7,4+	85,76	7,5+
Methanol	0	79,44	5,0	85,55	4,4	84,70	3,6	82,62	3,6
	100	76,46	1,0	82,67	0,9	82,26	0,6	80,32	0,6
		84,27	7,0+	87,10	7,1+	87,00	7,1+	90,00	7,1+
Benzol	0	83,32	5,9	85,50	5,1	84,76	4,3	86,80	3,2
	100	82,44	4,7	84,70	4,2	84,16	3,6	86,26	2,7

+) Die Angaben beziehen sich auf die Gesamtlösungsmittel-Retention in Prozent.

senken. Dagegen ließen sich noch 3,5% DMF nach 40 h Benzolextraktion nachweisen.

Diese Ergebnisse lassen eine deutliche Effektivitätsabstufung der für die DMF-Beseitigung eingesetzten Extraktionsmittel erkennen.

Die erzielte Retentionsverminderung, die durch Kombination von Extraktion und Vakuumtrocknung erreicht wurde, ist in Tabelle 2 zusammengefaßt.

Wie ersichtlich, wirkt sich die der Extraktion nachgeschaltete Vakuumtrocknung besonders gravierend auf den Lösungsmittelrückgang in den durch Aceton- bzw. Methanolextraktion behandelten Folien aus. Bei einer Trocknungstemperatur von 60 °C und 0,1 Torr werden nahezu vollständig lösungsmittelfreie Folien erhalten.

Diese vorteilhafte praktische Auswirkung darf vor allem der Polarität dieser beiden Lösungsmittel, die auf Grund ihrer hohen Dipolmomente ($\mu_{Aceton} = 2{,}85$ D; $\mu_{Methanol} = 1{,}69$ D) ein hohes Verdrängungsvermögen für DMF ($\mu_{DMF} = 3{,}86$ D) aufweisen, sowie auch ihrem niedrig liegenden Siedepunkt (hoher Partialdruck bei der Trocknungstemperatur) zugeschrieben werden, während Benzol ($\mu_{Benzol} = 0D$) durch seinen unpolaren Charakter und sein Unvermögen, H-Brücken zu bilden, eine bedeutend geringere Effektivität erreicht.

3.3. Beseitigung der DMF-Retention durch Umfällen des Polymers

Als Reinigungsmethode kommt dem Umfällen von Polymeren eine dominierende Stellung in der Polymerpraxis zu. Wir untersuchten deshalb u. a. auch, inwieweit sich durch Umfällen zurückgehaltenes Lösungsmittel beseitigen läßt.

Zu diesem Zweck wurden nach einer von *Fuchs* [28] angegebenen Methode eine ca. 9% DMF enthaltende PAN-Folie sowie eine mit ^{14}C-DMF markierte Folie in der 30fachen Menge (bezogen auf PAN) eines Gemisches aus 9 Volumenteilen Nitromethan und 2 Volumenteilen Wasser bei 100 °C gelöst. Die noch heißen Lösungen wurden unter Rühren zu einem Überschuß von ^{14}C-Methanol bzw. unmarkiertem Methanol gegeben. Die ausgefällten Polymere wurden 30 h bei 60 °C und 0,1 Torr getrocknet.

Bei dem in der beschriebenen Weise behandelten PAN konnte mit Hilfe der Szintillationsmessung festgestellt werden, daß es kein DMF mehr enthält. Die entsprechenden Messungen für den Restgehalt an Methanol ergaben, daß dieses Fällungsmittel nur zu ca. 0,02% zurückgehalten wird.

4. Ergänzende Versuche zum qualitativen Nachweis der Retention

4.1. IR-Spektroskopie

Zur qualitativen Absicherung der dargelegten Ergebnisse wurden die der Extraktion und Trocknung unterzogenen Folien IR-spektroskopisch untersucht.

Die IR-Spektren wurden von den je 100 h extrahierten und getrockneten Folien mit einem Infrarotspektrographen der Firma VEB Carl Zeiss Jena, aufgenommen. In den Bildern 6a bis 6e sind die Spektren der mit Aceton, Methanol und Benzol extrahierten Folien sowie die Spektren der entsprechenden Extraktionslösungen wiedergegeben.

Diese Spektren beweisen, daß die verwendeten Extraktionsmittel in das Polymer diffundieren, zurückgehaltenes DMF extrahieren (bei Benzol nur teilweise), selbst jedoch auch durch Vakuumtrocknung bei 60 °C und 0,1 Torr nach 100 h noch nicht quantitativ entfernt sind.

Die charakteristischen Banden der eingeschlossenen Lösungsmittel finden sich in den Spektren bei folgenden Wellenzahlen:

DMF : 1088, 1385, 1670 cm^{-1};
Aceton : 1240, 1380, 1460, 1720 cm^{-1};
Methanol : 1035, 3585 cm^{-1};
Benzol : 1033, 1480, 3070 cm^{-1}.

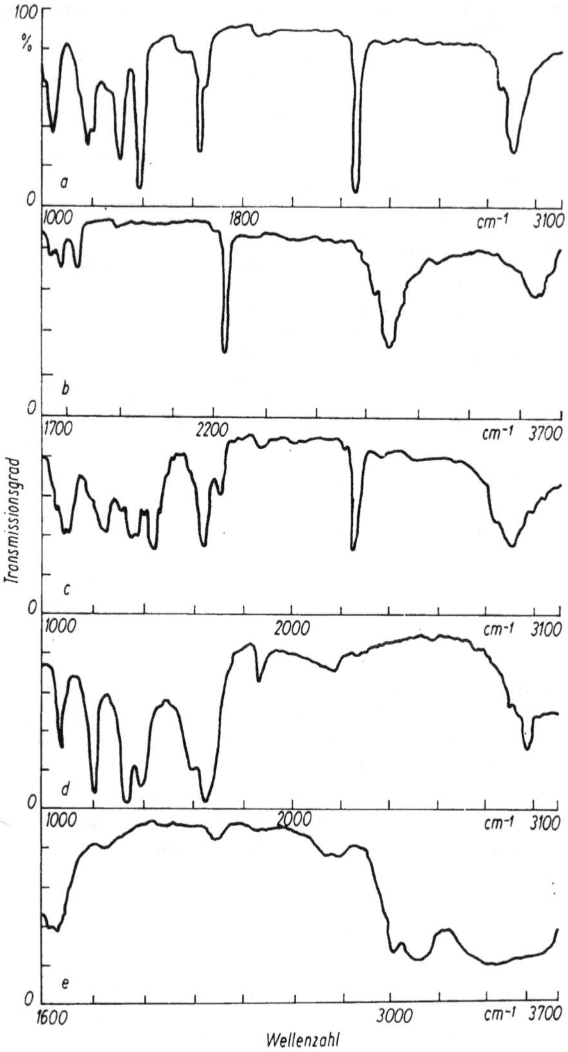

Bild 6. Infrarotspektren.
a) mit Aceton extrahierte PAN-Folie,
b) mit Methanol extrahierte PAN-Folie,
c) mit Benzol extrahierte PAN-Folie,
d) Extraktionslösung (Extraktionsmittel: Aceton),
e) Extraktionslösung (Extraktionsmittel: Methanol)

4.2. *Differentialthermoanalyse (DTA)*

Die DTA als eine Untersuchungsmethode enthalpieintensiver Vorgänge läßt sich zum qualitativen Nachweis von im Polymer eingeschlossenen Lösungsmitteln heranziehen. Tritt bei derartigen Analysen eine endotherme Wärmetönung auf, dann kann dies als Zeichen für eine Lösungsmittel-Retention angesehen werden, wenn im untersuchten Temperaturbereich weder Phasenumwandlung noch Zersetzung oder ähnliche Veränderungen auftreten.

In den Bildern 7a und 7b sind die DTA-Aufnahmen einer DMF enthaltenden sowie einer mit Tetrachlorkohlenstoff extrahierten ungetrockneten PAN-Folie als repräsentative Beispiele wiedergegeben.

Für die DTA-Messungen wurden ca. 10 mg der zu untersuchenden Probe eingewogen. Dabei wurde immer wieder derselbe Tiegel verwendet. Vor jeder Untersuchung wurde die Grundlinie aufgenommen. Die Aufheizgeschwindigkeit betrug 8 grd/min.

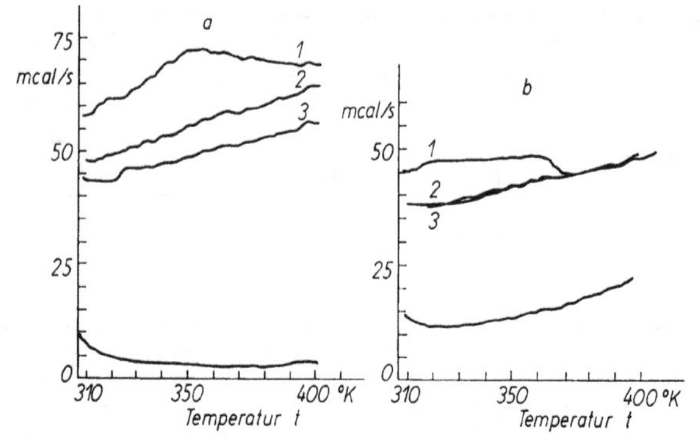

Bild 7. a) Thermogramm einer DMF enthaltenden PAN-Folie,
b) dgl., nach Extraktion mit Tetrachlorkohlenstoff

In den Bildern 7a und 7b charakterisiert die mit 1 bezeichnete Kurve das Ergebnis der ersten Messung, während die mit 2 und 3 gekennzeichneten Kurven die Ergebnisse der Wiederholungsversuche, die unter gleichen Bedingungen durchgeführt wurden, widerspiegeln.

Das im Bild 7a bei 350 K auftretende Maximum der Kurve 1 deutet auf eine erhöhte Lösungsmittelabgabe hin. Die durch Wiederholungsmessungen resultierenden Kurven 2 und 3 sind zur Grundlinie verschoben, was eine kontinuierliche Lösungsmittelabgabe anzeigt und ein hohes Rückhaltevermögen des PAN für DMF zum Ausdruck bringt.

Im Bild 7b wird eine einmalige Lösungsmittelabgabe (Kurve 1), die bei 350 K beendet ist, demonstriert. Die Wiederholungsversuche 2 und 3 liefern identische Ergebnisse. Dieses Resultat läßt den Schluß zu, daß sich der unpolare Tetrachlorkohlenstoff durch Trocknung aus PAN entfernen läßt. Das entspricht ganz der für dieses Lösungsmittel zu erwartenden minimalen Affinität zum untersuchten Polymer.

Damit unterstützen die durch IR-Spektroskopie und DTA erhaltenden Ergebnisse und Informationen die auf gravimetrischem und radiochemischem Wege gewonnenen.

5. *Zusammenfassende Diskussion*

Insgesamt läßt sich für die Beurteilung der Einschlußneigung von Lösungsmitteln in Polymeren feststellen:

1. Der Retentionsgrad von polaren Polymeren wird entscheidend von der Polarität der zu ihrer Lösung verwendeten Lösungsmittel mitbestimmt. Je polarer das eingesetzte Lösungsmittel ist, um so stärker wird es von polaren Polymeren zurückgehalten. Da mit zunehmender Angleichung der Polarität zwischen Lösungsmittel und Polymer die Löslichkeitsparameter δ der beiden Komponenten nach *Hildebrand* [29] ebenfalls immer enger aneinander rücken, sollte zur Unterdrückung der Retention nach Möglichkeit mit Lösungsmitteln gearbeitet werden, deren δ-Werte nahe bei einer Grenze des Toleranzbereiches liegen.
2. Die Retention nimmt mit steigendem Dampfdruck des Lösungsmittels ab. Da die Polymere in der Regel nicht so stabil sind, daß sie beliebig lange bei hohen

Temperaturen getrocknet werden können, soll bei der Wahl zwischen verschiedenen Lösungsmitteln dasjenige mit einem möglichst niedrigem Siedepunkt bevorzugt werden.

3. Von Polymeren zurückgehaltenes polares Lösungsmittel läßt sich durch unpolare Lösungsmittel nur schwer und unvollständig verdrängen. Daraus leitet sich die Forderung ab, als Extraktionsmittel für die Herstellung lösungsmittelfreier Polymerfolien polare Stoffe einzusetzen.
4. Da nach der Extraktion das Extraktionsmittel seinerseits entfernt werden muß, sollte — in Analogie zu Punkt 2 — bei der Wahl zwischen verschiedenen, im übrigen gleich gut geeigneten Flüssigkeiten, derjenigen mit dem höchsten Dampfdruck bei Zimmertemperatur der Vorzug gegeben werden.

Literatur

[1] *Staudinger, H.*, und *Döhle, W.*: Über Inklusionscellulosen. 310. Mitteilung über makromolekulare Verbindungen. J. prakt. Chemie **161** (1942) S. 219—240.
[2] *Elias, H.-G.*: Makromoleküle. Basel/Heidelberg; Hüthig & Wepf 1971, S. 217.
[3] *Beevers, R. B.*, und *White, E. F. T.*: Physical properties of vinyl polymers. Trans. Farad. Soc. **56** (1960) S. 1529 bis 1534.
[4] *Wegener, W.*, und *Egbers, G.*: Mechanisch-technologische Eigenschaften und Struktur eines unbehandelten und eines thermisch behandelten PAN-Copolymerisats. Z. ges. Textilind. **68** (1966) S. 864—871.
[5] *Hamada, F.*, und *Takahashi, G.*: Studies on the degradation of polyacrylonitrile in dimethylformamide. I. On the reduction of the solution viscosity. Kobunshi Kagaku, Tokyo (Chem. High Polymers) **18** (1961) S. 715—721 (jap., engl. Zusammenfass.)
[6] *Beder, H. M.*, und *Pakšver, A. B.*: Untersuchung der Eigenschaften von Polyacrylnitrillösungen. Chim. Volokna (Chemiefaserstoffe) **3** (1961) 3, S. 21—24.
[7] *La Combe, E. M.*: Color Formation in Polyacrylonitrile. J. Polymer Sci. **24** (1957) S. 152—154.
[8] *Wünsch, E.*: Die Bestimmung von DMF in PAN. Mitt. Inst. Textiltechnol. Rudolstadt **2** (1958) S. 55—60.
[9] *Klácel, Z.*, und *Bednáriková, B.č* Die Bestimmung kleiner Mengen von DMF in wäßrigen Lösungen. Chim. Prom. (Chem. Ind.) **19** (44) (1969) S. 470—471.
[10] *Urbanowicz, S.*: Modifizierte Methode zur Bestimmung von DMF in Lösungen und Fasern. Chem. Anal., Warszawa **6** (1961) S. 855—858.
[11] *Mekrjukoba, T. V.*, und *Turjan, Ja. J.*: Indirekte Bestimmung von Acetonitril, DMF und Dimethylamin. Z. anal. Chimii (Z. analyt. Chemie) **23** (1963) S. 1712 bis 1715.
[12] *Telcs, J.*, und *Dobo, J.*: Zur Frage des Verlustes an DMF bei seiner Regenerierung aus wäßrigen PAN-Spinnflüssigkeiten. Faserforsch. u. Textiltechnik **9** (1958) S. 55—60.
[13] *Stanley, E. L.*, *Baum, H.*, und *Gove, J. L.*: Die Bestimmung kleiner Mengen Dimethylamin in technischem Methylamin. Eine einfache Methode zur Trennung des Dimethylamins von Monomethylamin. Analytic. Chem. **23** (1951) S. 1779—1782. ref.: Chem. Zbl. 1953, S. 2813.
[14] *Massmann, W.*: Archiv Gewerbepath. u. Gewerbehyg. **14** (1955/56) S. 91—97.
[15] *Fichtengolz, W. S.*, *Solotareva, R. V.*, *Poddabnyi, J. J.*, und *Chorošin, A. V.*: Zavodsk. Labor (Betriebslabor) **29** (1963) S. 160—161.
[16] *Ekladius, L.*, und *King, H.*: Eine kolorimetrische Methode zur Bestimmung aliphatischer Amine in Gegenwart von Ammoniak. Biochem. J. **65** (1951) S. 128 bis 131.
[17] *Schmolke, R.*: Die Bestimmung von DMF in PAN. Faserforsch. u. Textiltechnik **16** (1965) S. 514—516.
[18] *Gentilhomme, C.*, *Piguet, A.*, *Rossel, J.*, und *Eyraud, Ch.*: Analyse des copolymers d'acrylonitrile par spectrophotometrie infra rouge. Bull. Soc. Chimique (1960) S. 901.
[19] *Nestler, H.*, und *Mai, J.*: Zur Bestimmung von DMF-Resten in Polyacrylnitrilfaserstoffen. Faserforsch. u. Textiltechnik **21** (1970) S. 307—309.
[20] *Sahli, M. S.*: Direkte gaschromatografische Bestimmung von Lösungsmittel-Resten in Folien. J. Chromatogr. Sci. **8** (1970) S. 737—739; ref.: Fresenius' Z. anal. Chemie **258** (1972) S. 81.
[21] *Veres, K.*, *Kozel, J.*, und *Prochazka, Z.*: On the bound form of ascorbic acid. Synthesis of ascorbigen-(^{14}C). Coll. czechoslov. chem. Commun. **28** (1963) S. 750—752.
[22] *Müller, F. H.*, und *Hellmuth, E.*: Permeation, Quellung und Diffusion in Polymeren. Kolloid-Z. **177** (1961) S. 1—23.
[23] *Long, F. A.*, und *Thompson, L. J.*: Diffusion of water vapor in polymers. J. Polymer Sci. **15** (1955) S. 413 bis 426.
[24] *Schmalz, E. O.*, und *Grundke, H.*: Diffusion von Wasser in Hochpolymeren. Faserforsch. u. Textiltechnik **20** (1969) S. 377—383.
[25] *Kamal, M. R.*, und *Canjar, L. N.*: Chem. engng. Progr. **62** (1966) S. 82—86.
[26] *Crank, J.*, und *Park, G. S.*: Diffusion in Polymers, Kap. 7: The Solution Process, S. 234. London/New York: Academic Press, 1968.
[27] *Mende, G.*: Über die Verwendung des Mikroelementaranalysenapparates nach *Knobloch* zur Verbrennung ^{14}C-haltiger Analysenproben als Vorstufe der LS-Messung. Isotopenpraxis **8** (1972) S. 71—72.
[28] *Fuchs, O.*: Bestimmung der Molekulargewichtsverteilung durch Lösungsfraktionierung. Z. Elektrochem. Ber. Bunsenges. physik. Chem. **60** (1956) S. 229—236.
[29] *Hildebrand, J. H.*, und *Scott, R. L.*: Solubility of Non-Electrolytes. New York/Dover: 1964.

Eingegangen am 15. Mai 1975

Faserforschung und Textiltechnik 26 (1975) Heft 12
Zeitschrift für Polymerforschung

Grundlagenforschung der anionischen Lactam-Polymerisation für die Entwicklung neuer technologischer Prozesse zur Herstellung von Polyamiden. Übersichtsbericht[1)]

Jan Šebenda

Tschechoslowakische Akademie der Wissenschaften, Institut für Makromolekulare Chemie, Prag/ČSSR

DK 678.675'126:66.095.264:541.124—128.2:678.027

Am Beispiel der anionischen Polymerisation der Lactame wird aufgezeigt, wie neue Grundlagenerkenntnisse über diesen komplizierten Prozeß gewonnen und wie die erreichten Ergebnisse für die Entwicklung von neuen technologischen Prozessen durchgehend genutzt wurden. Insbesondere wird auf die Technologien des Polymerisationsgießens, der kontinuierlichen anionischen Polymerisation, der Herstellung von Polyamid mit niedrigem Gehalt an extrahierbaren Substanzen sowie auf die Produktion von faserbildenden Polyamiden durch anionische Polymerisation von Caprolactam eingegangen.

Фундаментальные исследования в области анионной полимеризации лактамов в целях разработки новых технологических процессов производства полиамидов

На примере анионной полимеризации лактамов показывается, как были получены новые данные об этом сложном процессе и каким образом полученные результаты были использованы для разработки новых технологических процессов. Дело касается, в первую очередь, технологии полимеризационного литья, непрерывной анионной полимеризации, получения полиамида с низким содержанием экстрагируемых веществ и получения волокнообразующих полиамидов путем анионной полимеризации капролактама.

Fundamental Research of the Anionic Lactam Polymerization for the Development of new Processes for the Production of Polyamides. A Review

The anionic polymerization of lactams is used as an example to demonstrate how the results of fundamental research are used for developing new technological processes, namely, technology of polymerization casting, continuous anionic polymerization, preparation of polyamide with low content of extractables and preparation of fibre-forming polyamides via anionic polymerization of caprolactam.

1. Einleitung

Im Verlauf ausgedehnter Forschungsarbeiten werden im Institut für Makromolekulare Chemie der ČSAV in Prag sehr detaillierte Kenntnisse gewonnen, die oft zur Aufdeckung völlig neuer Gebiete in der Chemie und Technologie der Polymere führen. Am Beispiel der anionischen Polymerisation des Caprolactams läßt sich belegen, daß die rein akademische Forschung die Entwicklung neuer technologischer Verfahren zu stimulieren vermag.

Die Polymerisation von Caprolactam wird schon seit dem Ende des zweiten Weltkrieges in großtechnischem Maßstab durchgeführt. In der Mehrzahl der industriell entwickelten Staaten wird bis heute die sogenannte hydrolytische Polymerisation [1, 2] benutzt, obwohl schon 35 Jahre die um einige Größenordnungen schnellere anionische Polymerisation [3] der Lactame bekannt ist. Im technischen Maßstab wurde die anionische Polymerisation jedoch sehr lange nicht eingesetzt, da der Verlauf der Polymerisation und die Eigenschaften des Polymers sehr schwer reproduzierbar waren [4]. Durch systematisches Studium der anionischen Polymerisation der Lactame ist es jedoch gelungen, die grundlegenden Gesetzmäßigkeiten dieser sehr komplizierten Reaktion aufzuklären [5].

2. Chemismus der anionischen Lactampolymerisation

Außer der Hauptwachstumsreaktion [6 bis 8]

$$\sim CO-\underline{N-CO} + {}^{-}\underline{N-CO} \rightleftharpoons \sim CO-N^{-}CO-\underline{N-CO}$$

und der anschließenden Regenerierung von Lactamanionen

$$\sim CO-N^{-}CO-\underline{N-CO} + \underline{HN-CO}$$
$$\rightleftharpoons \sim CONH\,CO-\underline{N-CO} + {}^{-}\underline{N-CO}$$

[1)] Vorgetragen anläßlich der Tage der ČSSR-Wissenschaft an der Technischen Universität Dresden am 30. Januar 1975

verläuft bei der anionischen Lactampolymerisation eine Reihe von Nebenreaktionen. Das reaktive Lactamanion und die reaktiven Acyllactamwachstumszentren bilden β-Ketoamidstrukturen, aus denen eine ganze Serie von neuen Strukturen entsteht [5]. Durch manche Nebenreaktionen werden Lactamanionen verbraucht, wobei Carbonat und Carboxylat gebildet werden [9]. Parallel dazu werden auch die Wachstumszentren verbraucht, so daß die katalytische Aktivität sinkt. In einigen Fällen werden die katalytischen Komponenten so rasch verbraucht, daß die Polymerisation noch vor dem Erreichen des Polymerisationsgleichgewichtes abklingt [10]. Ein Teil der Nebenreaktionen führt zu Produkten, die sich unter Bildung von katalytischen Komponenten spalten, wie z. B. die Alkalisalze von β-Ketoamiden [11]:

$$[>CH-CO-CH-CO-N-]\,Na \rightarrow$$
$$[>CH-CO-CH-]\,Na + -N{=}C{=}O$$
$$[>CH-CO-CH-]\,Na + HN-CO$$
$$\rightarrow >CH-CO-CH_2- + Na\underline{N-CO}.$$

Aus den entstandenen Isocyanatgruppen werden sehr rasch Wachstumszentren vom Acyllactamtyp gebildet:

$$-N{=}C{=}O + \underline{HN-CO} \rightleftharpoons -NH-CO-\underline{N-CO}.$$

Der Hauptanteil der Wachstumszentren wird in carbonylgruppenhaltige Fremdstrukturen umgewandelt [12].

Die Erforschung der Nebenreaktionen führte schließlich zur Entwicklung einer ganzen Reihe von Katalysatorsystemen, die gestatten, die Polymerisationsgeschwindigkeit und die rel. Molekülmasse des entstehenden Polyamids in einem breiten Bereich zu regeln. Die wirksamsten Katalysatorsysteme ermöglichen es sogar, die Polymerisation des Caprolactams unterhalb des Schmelzpunktes des Polyamids in wenigen Minuten durchzuführen.

3. *Polymerisationsgießverfahren*

Diese Ergebnisse haben weitreichende technische Bedeutung. Es ist bekannt, daß mit den klassischen Verarbeitungsverfahren (Spritzguß, Pressen oder Extrudieren) geformte Gegenstände aus Polyamiden nur bis zu gewissen Größen hergestellt werden können. Größere Erzeugnisse sind nicht mehr homogen, da sie in den inneren Teilen Hohlräume enthalten und in Abhängigkeit von der Gestalt auch beträchtliche innere Spannungen aufweisen.

Die Ursache dieser Unzulänglichkeiten ist die Tatsache, daß beim Erstarren des kristallisierenden Polyamids eine erhebliche Volumenkontraktion stattfindet [13] (Bild 1). Beim Erkalten einer Polyamidschmelze schreitet die Kristallisation von den Wänden der Form fort (Bild 2). Die Oberflächenschicht des Gußstückes nimmt zwar die Gestalt der Form an, aber das Polymer bleibt im inneren Teil lange Zeit amorph. Bei umfangreicheren Gußstücken schreitet im Verlauf des weiteren Erkaltens die Kristallisation in die inneren Gebiete fort, aber die entsprechende Volumenkontraktion kann sich bereits nicht mehr durch eine identische Änderung des Volumens des gesamten Gußstückes auswirken, da dessen Oberfläche bereits starr ist und viel langsamer kontrahiert. Es bildet sich also eine erhebliche Spannung aus, die sich durch das Entstehen von Rissen, Blasen und Kratern äußert (Bild 2) und bei größeren Gußstücken mitunter auch zu einer explosionsartigen Zersprengung des Erzeugnisses führt.

Auch bei sehr langsamer Abkühlung, wo nur geringfügige Temperaturunterschiede zwischen den verschiedenen Teilen des Gußstückes vorhanden sind, läßt es sich nicht erreichen, daß die Kristallisation in allen Gebieten gleichmäßig abläuft. Infolge der freigesetzten Kristallisationswärme und der schnelleren Keimbildung auf der kühleren Oberfläche kristallisieren die Oberflächenschichten stets schneller als die inneren Teile. Aus diesen Gründen ist es also prinzipiell nicht möglich, ein tadelloses massives Gußstück durch Abkühlen der Polymerschmelze zu erhalten.

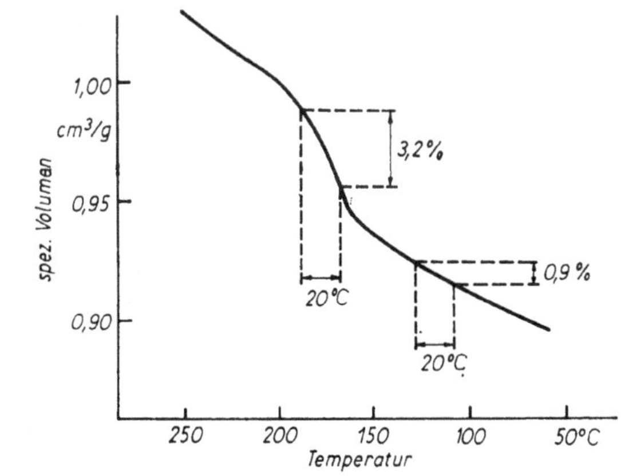

Bild 1. Temperaturabhängigkeit des spez. Volumens von Polycaprolactam

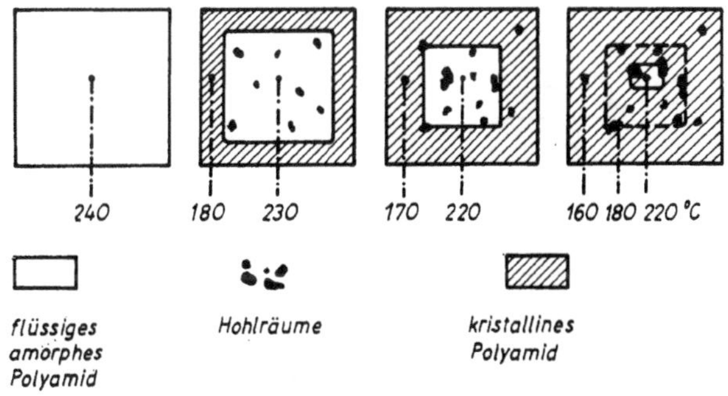

Bild 2. Schema der Erstarrens eines Polyamidgußstückes

Die angeführten Schwierigkeiten beim Abgießen größerer Gegenstände aus kristallisierenden Polymeren haben eine gemeinsame Ursache, die darin liegt, daß an verschiedenen Orten des Gußstückes unterschiedliche Temperaturen bestehen. Wären wir imstande, die Kristallisation des Polymers so zu leiten, daß in der gesamten Masse gleiche Temperatur herrscht, so würden die Kristallisation und die Kontraktion an allen Orten mit der gleichen Geschwindigkeit erfolgen. Die schnelle Abkühlung eines größeren Volumens der Polyamidschmelze auf die Kristallisationstemperatur ist jedoch z. Z. technisch nicht möglich. Der erwünschte Zustand, d. h. ein amorphes Polyamid, das sich unter der Schmelztemperatur des Polymers befindet und dabei an allen Orten die gleiche Temperatur aufweist, läßt sich bei umfangreicheren Gegenständen nicht durch Abkühlen erreichen. Ein solches Polymer kann nur durch Polymerisation bei niedrigen Temperaturen gewonnen werden. Es ist hierfür jedoch notwendig, daß die Polymerisation sehr schnell abläuft und die Kristallisation erst dann einsetzt, wenn die Polymerisation praktisch beendet ist.

Dieses Problem ist technisch lösbar zum Beispiel beim Caprolactam durch Ausnützung der sehr schnellen anionischen Polymerisation unterhalb der Schmelztemperatur des Polymers. Damit nach beendeter Polymerisation an allen Orten des Gußstückes die gleiche Temperatur herrscht, muß jedoch der gesamte Prozeß adiabatisch durchgeführt werden [14]. Das technologische Schema des Polymerisationsgießverfahrens ist verhältnismäßig einfach (Bild 3). Im ersten Speicher befindet sich die Lösung des Lactamats (z. B. Natriumlactamat) im geschmolzenen Caprolactam und im zweiten Speicher die Lösung des sog. Aktivators. Es wurden solche Aktivatoren entwickelt, die auch bei relativ hohen Temperaturen im geschmolzenen Caprolactam stabil sind, so daß die Lactamatlösung auf einer so niedrigen Temperatur gehalten werden kann, bei der sie langzeitig genügend stabil ist. Durch Vermischen beider Lösungen von passend eingestellter Temperatur gewinnt man ein Reaktionsgemisch der geforderten Anfangstemperatur. Die Polymerisation beginnt sofort nach dem Vermischen. Durch die Wahl eines geeigneten Aktivators wird jedoch erreicht, daß eine bestimmte Manipulationszeit zur Verfügung steht, die für die vollständige Füllung der Formen und gegebenenfalls zur Einbringung des Füllmittels erforderlich ist. Die Polymerisation ist gewöhnlich nach 30 min beendet. Die im Verlauf der Grundlagenforschung der anionischen

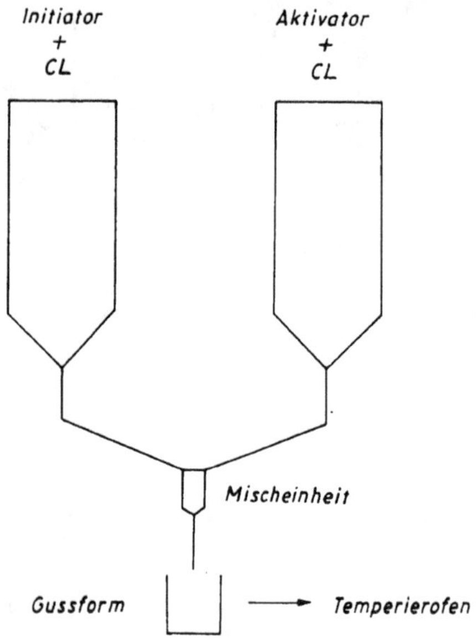

Bild 3. Schema des Polymerisationsgießverfahrens

Lactampolymerisation gewonnenen Charakteristiken der Polymerisation und der Kristallisation haben ausreichende Ergebnisse geliefert, um die für minimale Gießzyklusdauern optimalen Ausgangsbedingungen berechnen zu können.

Die Geamtdauer des Gießprozesses ist jedoch nicht das einzige Kriterium, das für die Reaktionsbedingungen maßgebend ist. Wenn wir die bei verschiedenen Anfangstemperaturen hergestellten Polymere näher betrachten, so können wir sie in mehrere morphologische Strukturtypen einteilen, wobei sich die Größe der Sphärolithe im Bereich von 1 bis 200 µm regeln läßt [15]. Die mechanischen Eigenschaften der Gußstücke werden in beträchtlichem Maß durch die Vollkommenheit der morphologischen Struktur, durch die Kristallinität und durch den Gehalt an niedermolekularen Stoffen festgelegt [16].

Durch das Polymerisationsgießverfahren (d. h. adiabatische Polymerisation unter dem Schmelzpunkt des Polymers) erhält man Erzeugnisse, die eine größere Kristallinität haben als die beim Gießen von hydrolytisch polymerisiertem Caprolactam erhaltenen Gußstücke (Tabelle 1). Viele Eigenschaften der Polyamide werden durch die Kristallinität bestimmt, so daß die Mehrzahl der mechanischen Eigenschaften der Gußstücke, die durch die adiabatische anionische Polymerisation gewonnen wurden, besser ist als die der klassischen Polyamide vom Caprolactamtyp. Die Qualität der Gußstücke wird vor allem durch die Anfangsbedingungen der Reaktion festgelegt, wie die Temperatur, die Konzentration und die Natur des Katalysators [16]. Neben den erwähnten Faktoren spielen bei der Wahl der Reaktionsbedingungen auch die Geometrie und die Größe des Gußstückes eine Rolle. Die erforderlichen Daten stehen jedoch bereits zur Verfügung, so daß man Bedingungen festlegen kann, die für die Herstellung homogener Gußstücke von unbeschränkter Größe mit vorbestimmter rel. Molekülmasse und gezielter Sphärolithgröße notwendig sind.

Da die Umwandlung des Monomers in das Polymer verhältnismäßig schnell abläuft, kann man leicht auch größere Mengen von Füllmitteln in das Polymer einbringen, durch die einige Eigenschaften und das Aussehen der Erzeugnisse variiert werden können. Das neue Gießverfahren, das zum Beispiel in der ČSSR, in der UdSSR, in den USA, in der VR Ungarn, in der BRD und in der DDR realisiert worden ist, hat nicht nur für die Erzeugung umfangreicher geformter Gegenstände, sondern auch für die Herstellung von Halbfabrikaten Bedeutung, die von denen aus klassischen Polyamiden abweichende Eigenschaften haben.

Tabelle 1. Vergleich der Eigenschaften des durch adiabatische anionische Polymerisation des Caprolactams dargestellten Polyamids mit denen des klassischen, durch Extrudieren bzw. Spritzguß gewonnenen Polycaprolactams (Werte bei einem Wassergehalt von 0,6 bis 1% gemessen)

Eigenschaft	anionisch	klassisch
Dichte, g/cm³	1,15···1,16	1,13···1,14
Kristallinität, %	52···60	35···40
Zugfestigkeit, kp/cm²	750···1 000	500···700
Biegefestigkeit, kp/cm²	1 400···1 700	700···900
Druckfestigkeit, kp/cm²	900···1 100	750···950
Elastizitätsmodul, kp/cm²	30···50 · 10³	15···25 · 10³
Brinellhärte, kp/cm² (60 s)	1 700···1 900	1 400···1 600
Wärmefestigkeit		
nach *Martens*	60···70	50···60
nach *Vicat*	200	160
Schlagbiegezähigkeit, kp · cm/cm²	110···160	150···160
Feuchteabsorption bei 65% rel. Feuchte, %	2,5···3	3,5···4
spez. elektrischer Widerstand, Ω/cm	$1 \cdot 10^{15}$	$1 \cdot 10^{13}$
Elektrische Durchschlagfestigkeit bei 50 Hz, kV/mm	3,5···3,7	1,5···2,0
Verlustfaktor, tang.	0,02	0,13

4. Kontinuierliche Polymerisation

Ein weiterer Prozeß, der auf der anionischen Polymerisation beruht, ist die kontinuierliche Polymerisation des Caprolactams unter gleichzeitiger Extrusion und Formgebung der Polyamide. Bis vor kurzem waren alle kontinuierlichen Polymerisationsprozesse auf der hydrolytischen Polymerisation begründet, die sehr langsam ist. Bei der Anwendung sehr wirksamer Katalysatoren läuft die anionische Polymerisation des Caprolactams so schnell ab, daß die Polymerisation und die Extrusion zu einer Operation kombiniert werden können. Durch die Kombination des Formgebungsprozesses mit der Polymerisation wird es sogar möglich, Profilerzeugnisse aus hochmolekularem Caprolactam herzustellen. Dieses Verfahren eignet sich auch zur Erzeugung farbiger oder gefüllter Polyamide, da die Pigmente und Füllstoffe sehr leicht in das Ausgangs-Reaktionsgemisch eingebracht werden können. Mit diesem einstufigen Prozeß, der in Zusammenarbeit mit dem Forschungsinstitut für Gummi- und Plasttechnologie entwickelt wurde, kann man Rohre, Stangen, Platten, Filme und Granulat aus Polycaprolactam mit rel. Molekülmassen bis zu 30 000 herstellen. Das durch die kontinuierliche Polymerisations-Extrusions-Technik erzeugte Polyamid hat ähnliche Eigenschaften wie das hydrolytische Polymer von vergleichbarer rel. Molekülmasse und vergleichbarem Gehalt an niedermolekularen Stoffen.

5. Demonomerisiertes Granulat

Der Prozeß der kontinuierlichen, mit der Extrusion des entstehenden Polyamids verbundenen Polymerisation hat eine sehr gute Reproduzierbarkeit. Diese Tatsache wurde für die neueste Technik genutzt, nämlich für die kontinuierliche Erzeugung eines praktisch monomerfreien Polymers.

Bei den meisten der gegenwärtigen Polycaprolactam-Herstellungsverfahren entsteht ein Polymer, das monomeres Lactam und Oligomere enthält, deren Anteil etwa 6 bzw. 4% beträgt. Für praktische Zwecke ist es notwendig, den Gehalt an niedermolekularen Stoffen entweder durch Extraktion oder durch Vakuumdestillation herabzusetzen. Der neue Prozeß kombiniert die Polymerisation und die Vakuumdemonomerisierung zu einer einzigen Operation (Bild 4). Das Produkt enthält nur 3% an extrahierbaren Stoffen mit einem Monomergehalt unter 0,5%. Das Produkt hat ähnliche Eigenschaften wie die durch hydrolytische Polymerisation hergestellten Polyamide. Die gewonnenen Polymere eignen sich zum Extrudieren, für den Spritzguß oder zum Schmelzspinnen. Im Vergleich zu den bestehenden Verfahren für die Erzeugung von monomerfreiem Polycaprolactam ist die neue Technologie weitaus schneller und einfacher. Außerdem kann die rel. Molekülmasse des Polymers reproduzierbar in einem sehr breiten Bereich reguliert werden.

6. Perspektivische Möglichkeiten der anionischen Polymerisation

Die hohe Polymerisationsgeschwindigkeit, die sich mit den neuen Katalysatorsystemen erzielen läßt, könnte auch die Polyamidfaserproduktion in revolutionärer Weise ändern. Dieses Problem wurde in einer Reihe von Staaten mit wechselndem Erfolg untersucht. Die Haupthindernisse waren der kautschukartige Zustand der Schmelze des anionischen Polycaprolactams und die instabile Viskosität der Schmelze.

Durch ein gründliches Studium der chemischen Struktur der in das Polymermolekül eingebauten unregelmäßigen Einheiten und des Einflusses der chemischen Struktur des Aktivators ist es gelungen, die erwähnten Schwierigkeiten so weit zu beseitigen, daß ein verspinnbares anionisches Polycaprolactam erhalten werden kann. Durch Laboratoriumversuche konnte bewiesen werden, daß das anionische Polycaprolactam

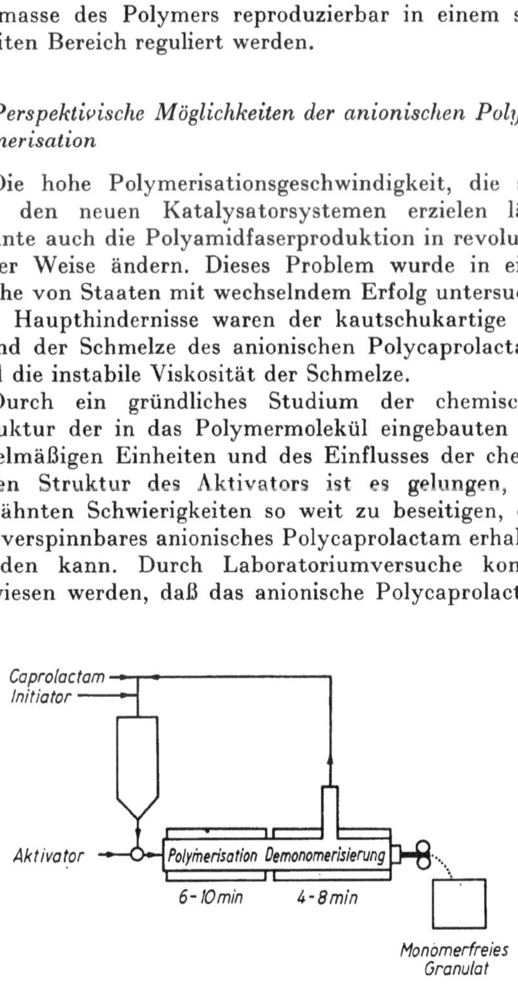

Bild 4. Schema der kontinuierlichen anionischen Polymerisation, verbunden mit der Demonomerisierung

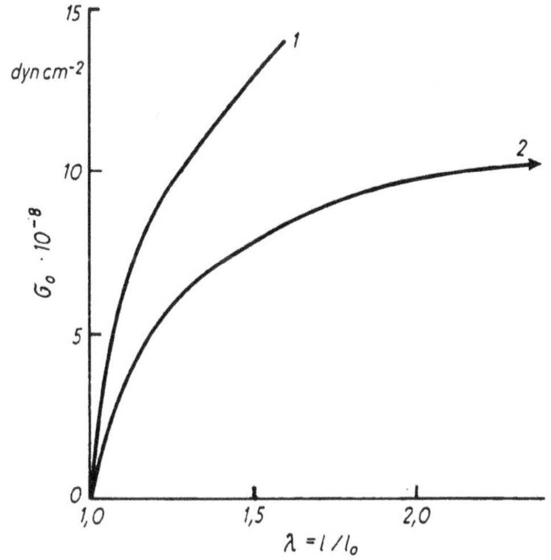

Bild 5. Dehnungskurven von zwei anionischen Caprolactampolymerisaten, die unter identischen Bedingungen versponnen wurden

sowohl im Gebiet der klassischen rel. Molekülmassen als auch im hochmolekularen Gebiet verspinnbar ist.

Im Hinblick darauf, daß auch höhermolekulare Polymere aus der Schmelze gesponnen werden können, lassen sich die Eigenschaften der Faserstoffe in einem weiteren Bereich variieren als beim klassischen Verfahren (Bild 5) [17]. Falls die Versuche im halbtechnischen Maßstab so erfolgreich ausfallen wie die vorläufigen Laboratoriumsversuche, wäre es möglich, eine neue Technologie zu erarbeiten, die Polymerisation, Demonomerisierung und Schmelzspinnen zu einem kontinuierlichen Prozeß vereinigt.

Literatur

[1] *Klare, H.*, *Fritzsche, E.*, und *Gröbe, V.*: Synthetische Fasern aus Polyamiden. Berlin: Akademie-Verlag 1963, S. 69.
[2] *Reimschuessel, H. K.*: In: Ring-Opening Polymerization. Herausgeber *Frisch, K. C.*, und *Reegen, S. L.* New York/London: Marcel Dekker 1969, S. 303.
[3] *Joyce, R. M.*, und *Ritter, D. M.*: USP 2251519 (1941).
[4] *Hanford, W. E.*, und *Joyce, R. M.*: Polymeric amides from epsilon-caprolactam. J. Polymer Sci. **3** (1948) S. 167–172.
[5] *Šebenda, J.*: Lactam polymerization. J. macromol. Sci. A: Chemistry **6** (1972) 6, S. 1145–1199.
[6] *Hall, K. H., jr.*: J. Amer. Chem. Soc. **80** (1958) S. 6404.
[7] *Murahashi, S.*, *Yuki, H.*, und *Sekiguchi, H.*: Sen'i-Kagaku Kenkyusho Nempo **10** (1956) S. 88.
[8] *Šebenda, J.*, und *Králiček, J.*: Coll. czechoslov. chem. Commun. **23** (1958) S. 766.
[9] *Šebenda, J.*, und *Masař, B.*: Alkaline polymerisation of 6-caprolactam. XXIII. Endgroups of polymers prepared by non-activated alkaline polymerisation of caprolactam. Coll. czechoslov. chem. Commun. **31** (1966) S. 3331–3344.
[10] *Šebenda, J.*, und *Kouřil, V.*: Anionic polymerization of caprolactam. XL. Estimation of the content of active base from the rate of polymerization and from the increase of the number of polymer molecules in activated polymerization. European Polymer J. **8** (1972) S. 437–447.
[11] *Bukač, Z.*, und *Šebenda, J.*: Anionic polymerization of caprolactam. XLV. Decay and regeneration of catalytic activity in anionic polycaprolactam via 3-oxoamides.

J. Polymer Sci.: Polymer Symposia **42** (1973) (Teil I), S. 345–352.

[12] *Čefelin, P., Stehliček, J.,* und *Šebenda, J.:* Anionic polymerization of caprolactam. XLVII. Effect of polymerization conditions upon the keto groups content in anionic polycaprolactam. J. Polymer Sci.: Polymer Symposia **42** (1973) (Teil I), S. 79–88.

[13] *Čefelin, P., Trekoval, J.,* und *Drbálek, Z.:* Bestimmung des spezifischen Gewichtes von Produkten der ε-Caprolactampolymerisation. Chem. Listy, Praha (Chem. Bl.) **52** (1958) S. 1243–1248.

[14] *Králiček, J., Šebenda, J., Zadák, Z.,* und *Wichterle, O.:* Alkalische Polymerisation des Caprolactams. V. Anwendung der alkalischen Polymerisation zur Herstellung von massiven Erzeugnissen aus hochmolekularem Poly-6-caproamid. Chem. Prům., Praha (Chem. Ind.) **11** (1961) 7, S. 377 (M 97)–381 (M 101).

[15] *Wichterle, O., Tomka, J.,* und *Šebenda, J.:* Alkalische Polymerisation des 6-Caprolactams. IX. Einfluß von Zusätzen auf die morphologische Struktur des Poly-6-caprolactams. Coll. czechoslov. chem. Commun. **28** (1963) S. 696–708.

[16] *Janáček, J., Tomka, J.,* und *Šebenda, J.:* On the structure and properties of polyamides. XVI. The effect of the conditions of preparation on mechanical properties of polycaprolactam prepared by adiabatic alkaline polymerisation. Coll. czechoslov. chem. Commun. **30** (1965) S. 692–701.

[17] *Kudrna, M.:* unveröffentlichte Versuche.

Eingegangen am 13. Juni 1975

Faserforschung und Textiltechnik 26 (1975) Heft 12
Zeitschrift für Polymerforschung

Spannungs-Temperatur-Zeit-Verhalten von Polypropylenfäden

I. Spannung in isometrisch erwärmten Fäden

Marie Pechočová

Forschungsinstitut für Chemiefasern, Svit, ČSSR

DK 677.494.742.3:677.818:536.4:677.017.4

In der Arbeit wird die Spannung in isometrisch, d. h. bei konstanter Länge, erwärmter Polypropylen-Textilseide behandelt. Diese Spannung ist niedrig bei vollkommener Durchwärmung der Fäden während der Herstellung und kann durch geeignete Wärmebehandlung ganz beseitigt werden. Die Bewertung des Spannungs-Temperatur-Zeit-Verhaltens isometrischer Fäden ist eine schnelle und empfindliche Methode zur Beurteilung der Spannungs- und Temperaturvorgeschichte des Fadens.

Изменение натяжения полипропиленовых нитей в зависимости от температуры и времени.
I. Натяжение нитей при изометрическом нагреве.

Изучалось натяжение полипропиленового текстильного волокна при изометрическом нагреве. Это натяжение оказывается незначительным при полном прогреве нитей при их изготовлении и может быть снято путем надлежащей термической обработки. Определение поведения натяжения в изометрически нагретых нитях является быстрым чувствительным методом для оценки термической предистории нитей и их натяжения.

Stress-Temperature-Time Relationship of Polypropylene Filaments.
I. Stress of Isometrically Heated Filaments

The stress in isometrically heated polypropylene textile filament yarns has been investigated. The stress is low in thoroughly heated filaments during their preparation and can completely be eliminated by heat treatment. The evaluation of the stress-temperature-time relationship proved a rapid and sensitive method for estimating the stress and thermal history of the filaments.

1. Einleitung

Mit steigenden Ansprüchen an die Fadenqualität steigen auch die Ansprüche an die Methoden zu ihrer Beurteilung. Aus diesem Grund wurde von vielen Synthesefaserherstellern in die Reihe der Prüfmethoden auch die Prüfung der Spannung in den Fäden bei erhöhter Temperatur aufgenommen.

Die Messung der Spannung bei erhöhter Temperatur ist eine empfindliche Methode zur Beurteilung der Spannungs- und Temperaturvorgeschichte des Fadens und mit Vorteil in den Fällen verwendbar, in denen die Strukturunterschiede nicht durch Änderungen der physikalischen Eigenschaften erkannt werden können oder in denen umständliche und komplizierte Methoden zu verwenden wären. Die Spannungs-Temperatur Kurven sind für die Charakterisierung der Fäden ebenso wichtig wie die Spannungs-Dehnungs-Kurven.

Von sowjetischen und japanischen Autoren wird häufig über die Abhängigkeit der Spannung von der Meßtemperatur berichtet. Für die Fadenbeurteilung sind die Form der Kurve und die Lage ihres Höchstwertes maßgebend.

In dieser Arbeit wird die Messung der Zeitabhängigkeit der Zugspannung des Fadens (als feinheitsbezogene Zugkraft in p/tex) bei verschiedenen Meßtemperaturen mit Hilfe des Schrumpfkraft-Meßgerätes Contractiometer der Firma Zwick beschrieben.

2. Ursachen der Spannungsentstehung beim Aufheizen des Fadens

Während des Reckens der synthetischen Fäden werden die Makromolekülketten gespannt und in die Faserlängsrichtung orientiert. Beim Kaltrecken oder beim Heißrecken mit großer Geschwindigkeit hat die aufgebrachte Spannung keine Möglichkeit zu relaxieren. Durch die Abkühlung des Fadens nach dem Recken verbleibt im Faden eine „eingefrorene“ Spannung, die mit der Zeit infolge der Relaxation auch bei Raumtemperatur abnimmt. Wegen der sehr großen Relaxationszeit ist diese Spannungsabnahme unwesentlich. Die „eingefrorene“ Spannung macht sich vor allem bei erhöhter Temperatur bemerkbar, wenn es zum Schrumpfen des Fadens im freien Zustand oder zur Spannungsentstehung im ungedehnten Faden beim Aufheizen kommt.

Wenn der Faden heißgereckt und durch eine geeignete Wärmebehandlung eine vollkommenere Strukturordnung ermöglicht wird, d. h. wenn eine Relaxation der Reckspannung im Faden stattfinden kann, ist die „eingefrorene“ Spannung, die durch das Abkühlen im Faden entsteht, viel niedriger.

Diese „eingefrorene“ Spannung stellt einen Ungleichgewichts-Ordnungszustand, besonders in den amorphen Bereichen, dar. Bei Raumtemperatur bleibt die Länge des Fadens durch die intermolekularen Bindungskräfte zwischen den zufällig angeordneten Kettensegmenten ungefähr erhalten, bei erhöhter Temperatur kommt es zu Konformationsveränderungen infolge der größeren Beweglichkeit der Ketten. Die Kettensegmente nehmen günstigere Lagen ein, wobei die Bindungsentfernungen kleiner und die Energie der Bindungen niedriger sind. Diesen Ordnungsvorstellungen entspricht gut das Modell der gefalteten Ketten. Bei erhöhter Temperatur kommt es zur Reorganisation der amorphen Bereiche und zur Rekristallisation. Damit werden die amorphen Bereiche, die die Hauptursache für die Schrumpfkräfte darstellen, verringert. Daraus folgt, daß sich die Schrumpfkräfte durch Kristallisation verringern und dadurch den Abfall der Spannung beim Aufheizen bis über die effektive Behandlungstemperatur verursachen [1 bis 5].

3. Gegenwärtiger Stand

Das Verhalten der Polypropylenfäden (PP-Fäden) nach Wärmebehandlung wird durch Messung der Strukturveränderungen und der Schrumpfung (Verkürzung des Fadens bei konstanter, sehr niedriger Zugkraft) bewertet. Die Schrumpfung in Abhängigkeit von Temperatur, Reckverhältnis, Typ des Polymers, rel. Molekülmasse sowie ihrer Verteilung und vielen weiteren Faktoren wurde schon mehrfach beschrieben [6 bis 10]. Die Schrumpfung ist zwar zur Beurteilung der Unterschiede zwischen unterschiedlich vorbehandelten Fäden verwendbar, genügt aber nicht mehr z. B. zur Bewertung der Gleichmäßigkeit des durchgeführten Fixierprozesses bei einem Typ des Fadens, wofür die Messung des Spannungs-Temperatur-Zeit-Verhaltens eine sehr empfindliche Methode darstellt [11].

Messungen dieser Art sind für die Verfolgung des Temperatur- und Spannungseinflusses während der Wärmebehandlung auf die Eigenschaften der Polyester-, Polyamid-6- und Polypropylen-Fäden in den Arbeiten [11 bis 15] angeführt. Weiter werden solche Messungen zur Beurteilung der Strukturunterschiede von nichtgereckten und bei verschiedenen Temperaturen gereckten Fäden [16] oder zur Verfolgung der Strukturunterschiede der mit hohen Geschwindigkeiten (im Bereich von 1000 bis 4000 m/min) ersponnenen Fäden benutzt [17].

Die grundlegenden Arbeiten bezüglich der Messung und Bewertung des Spannungs-Temperatur-Verhaltens der Polypropylenfäden stammen von *Fuchino* u. Mitarb. [2, 18]. Sie führten zur Entwicklung des Prüfgerätes „Kanebo“ [19]. Dieses Gerät ermöglicht, das Temperaturverhalten des Fadens und die Relaxationsvorgänge zu verfolgen. Sowjetische und japanische Autoren verfolgten auch die Temperatur- und Zeit-Abhängigkeit der Spannung [13, 20].

Die Spannung beim Aufheizen ungedehnter Fäden ist mit der Faserstruktur eng verbunden. In der Arbeit [16] wird die Beziehung zwischen der maximalen Spannung, der Dichte und der Doppelbrechung der Fäden angeführt. Bei den ungereckten Fäden steigt die Spannung mit steigender Dichte und Doppelbrechung an. Mit steigendem Reckverhältnis erreicht die maximale Spannung höhere Werte, und das Maximum der Kurve verschiebt sich zu höheren Temperaturen [2, 16, 18]. Das Maximum der Kurve liegt in dem Temperaturbereich zwischen der Glastemperatur (T_g) und der Schmelztemperatur. Die Temperatur und Spannung im Maximum der Kurve stellen charakteristische Werte für den geprüften Faden dar. Bei einem ungereckten Faden, der evtl. falschdrahttexturiert oder in einer anderen Weise wärmebehandelt wurde, bekommt man asymmetrische Kurven mit charakteristischen Höchstwerten.

Das Spannungs-Temperatur-Verhalten wurde in [11] mit den Ergebnissen der Röntgenkleinwinkelstreuung verglichen und festgestellt, daß beide zusammen eine sehr empfindliche Methodik zur Beurteilung der Gleichmäßigkeit und Vollkommenheit der Fadenfixierung bieten.

In dieser Arbeit werden die Einflüsse der Wärme- und Spannungsvorgeschichte auf den Verlauf der Zeitabhängigkeit der Spannung in gereckten, ungedehnten Fäden bei verschiedenen Temperaturen untersucht.

4. Experimentelle Ergebnisse

4.1. Spannungs-Temperatur-Zeit-Beziehungen ungedehnter Fäden

Die Spannungsmessung wurde mit dem Schrumpfkraft-Meßgerät Contractiometer 6302 der Firma Zwick, das in [13, 15] ausführlich beschrieben ist, durchgeführt, und zwar an einer ungedehnten PP-Textilseide bei einer Vorspannung von 0,36 p/tex und einer Einspannlänge von 400 mm. Die auf die Solltemperatur vorgeheizte Wärmekammer wurde über den Faden nach unten gezogen, also ein Temperatursprung erzeugt, und von diesem Augenblick an mit einer Schreibvorrichtung die Spannungs-Zeit-Kurve aufgenommen. Zur Untersuchung diente unter verschiedenen technologischen Bedingungen hergestellte PP-Textilseide mit Feinheiten von 4 bis 30 tex. Die Streuung der 1 min nach Aufbringen des Temperatursprunges gemessenen Spannung, ausgedrückt als Variationskoeffizient aus 8 Meßwerten, betrug 2% innerhalb einer und 6% zwischen verschiedenen Aufmachungseinheiten.

In folgendem werden Beispiele der Beeinflussung der Spannungs-Zeit-Kurven durch die Reckbedingungen und durch die Wärmebehandlung angegeben.

Im Bild 1 wird der Einfluß des Reckverhältnisses auf die Spannungs-Zeit-Kurven bei unterschiedlichen Temperatursprüngen gezeigt. Aus diesen Kurven ist ersichtlich, daß es bei niedrigen Reckverhältnissen zur Spannungsrelaxation schon bei niedrigen Meßtemperaturen kommt und daß die Spannung mit dem Reckverhältnis merklich ansteigt.

Der Einfluß der Reck- und Wärmebehandlungstemperatur auf die Spannungs-Zeit-Kurven bei unterschiedlichen Temperatursprüngen ist für verschiedenartig thermisch behandelte, aber mit derselben Geschwindigkeit und demselben Reckverhältnis gereckte Fäden im Bild 2 dargestellt. Die kaltgereckten Fäden zeigen eine höhere Spannung, und zur Spannungsrelaxation kommt es bei niedrigeren Meßtemperaturen als bei thermisch behandelten Fäden.

Für die Beurteilung der Unterschiede thermisch behandelter Fadenproben können auch Spannungs-Temperatur-Kurven dienen. Im Bild 3 sind die Abhängigkeiten der Spannung von der Meßtemperatur dargestellt, die an den bei niedrigeren und höheren Temperaturen behandelten und unter Spannung fixierten Fäden gemessen wurden. Die Kurven wurden auf dem Contractiometer bei einer Temperaturerhöhungsgeschwindigkeit von 5 K/min, also einem rampen-

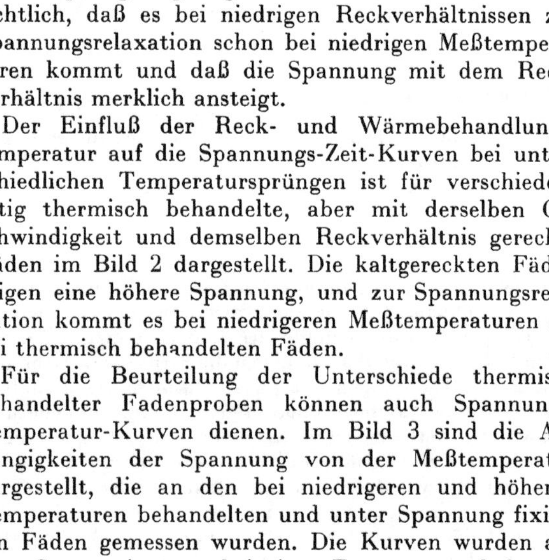

Bild 1. Einfluß des Reckverhältnisses auf die Zeitabhängigkeit der Spannung σ ungedehnter PP-Textilseide bei Temperatursprüngen auf 90, 110 und 130 °C

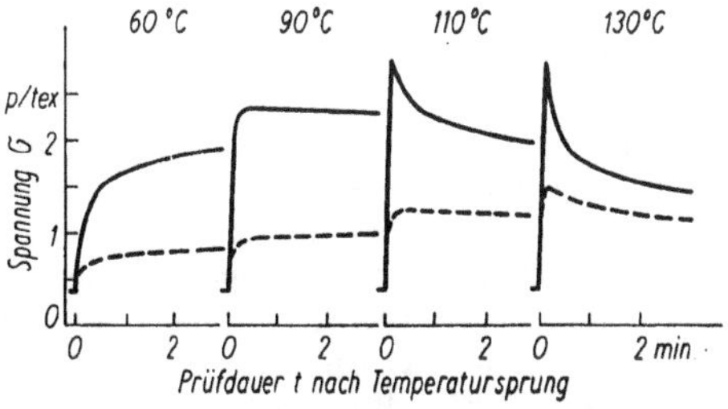

Bild 2. Einfluß der Wärmebehandlung auf die Zeitabhängigkeit der Spannung σ ungedehnter PP-Textilseide bei Temperatursprüngen auf 60, 90, 110 und 130 °C.
——— kaltgereckter Faden,
– – – thermisch behandelter Faden

förmigen Temperaturanstieg, aufgenommen. An den Kurven ist der große Unterschied in den Höchstwerten der Spannung für verschiedene Proben zu sehen. Eine Bewertung der Relaxationstemperatur von fixierten Fäden ist möglich. Die erhaltenen Kurven sind den in der Literatur [2, 15, 16, 18, 19] angeführten Kurven ähnlich.

Die Spannungs-Temperatur-Kurven im Bild 3 wurden durch Messung der Spannung an einem Faden gewonnen. Diese Kurven kann man aber auch aus den Spannungs-Zeit-Kurven entnehmen. Ein Beispiel einer solchen Auswertung der Meßergebnisse ist im Bild 4 angeführt. Jeder Punkt der Kurve stellt den Meßwert eines neuen Fadens dar. Dabei ist auch die gleichzeitig verlaufende Spannungsrelaxation durch die Spannung 5 min nach dem Temperatursprung berücksichtigt.

Die erhaltenen Kurven bieten wichtige Informationen für die Weiterverarbeitung und Anwendung der Fäden. Die Temperatur, bei der die Relaxation beginnt, ist eine wichtige Kennzahl des geprüften Fadens. Sie stellt die Wärmebehandlungstemperatur T_w dar, bei deren Überschreiten schon Änderungen der inneren Struktur des Fadens stattfinden. Das Maximum der Kurve hängt vom Fadenmaterial, der Geschwindigkeit und Spannung beim Recken, der Temperatur, der Zeit und dem Wärmebehandlungsmittel ab. Der Bereich unter der Kurve bis T_w ist der Bereich des Schrumpfens. Falls man bei einer gegebenen Temperatur nicht die durch die

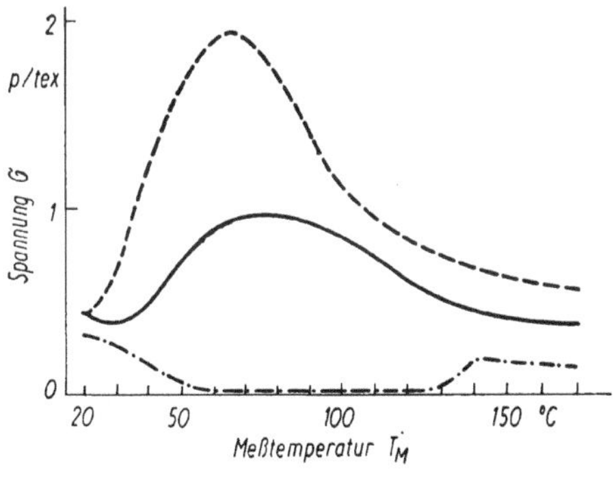

Bild 3. Abhängigkeit der Spannung σ von der Meßtemperatur T_M bei einer Aufheizgeschwindigkeit von 5 K/min.
– – – mäßig durchgewärmter Faden,
——— besser durchgewärmter Faden,
–·–·– fixierter Faden

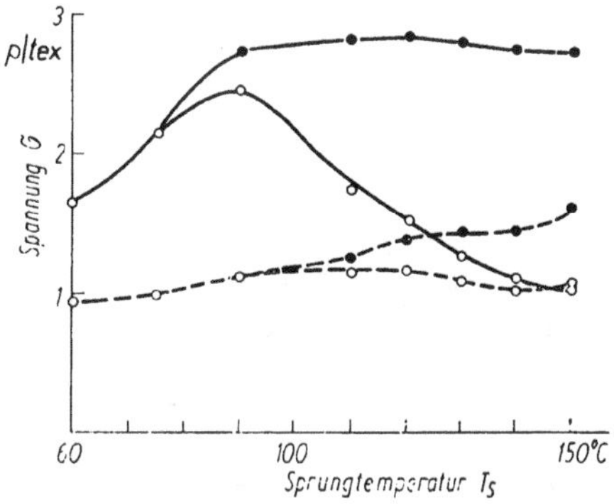

Bild 4. Abhängigkeit der Spannung σ von der Sprungtemperatur T_S.
——— kaltgereckter Faden,
– – – thermisch behandelter Faden,
○ Spannungswerte 5 min nach dem Temperatursprung,
● maximale Spannungswerte

Kurve begrenzte Spannung überschreitet, kommt es zur Schrumpfung, bei höheren Spannungen zur Dehnung. Für die Thermofixierung muß man eine Temperatur oberhalb T_w wählen. Die Form der Kurve kann also als Richtschnur für die Auswahl der Bedingungen der thermischen Nachbehandlung dienen. Die Kurven können weiter auch zur Gleichmäßigkeitskontrolle der Eigenschaften der Fäden sowie zur Nachkontrolle der Solltemperaturen einzelner Verarbeitungstellen Anwendung finden.

Der Einfluß der Wärmebehandlung auf die Zeitabhängigkeit der Spannung in ungedehnter PP-Textilseide wurde kurz in den Arbeiten [11, 14] behandelt. Durch Erhöhung der Temperatur oder der Zeit der Behandlung sinkt die Spannung ab. Dieser Abfall ist bei gleicher Temperatur oder Zeit größer beim Dampf- als beim Heißluftfixieren [11].

Falls der Faden während der thermischen Behandlung schrumpfen kann, verschwindet die Spannung schon im Laufe einer kürzeren Zeit und bei niedrigerer Temperatur, wie man am Bild 5 sehen kann. Hier sind die Spannungs-Zeit-Abhängigkeiten bei verschiedenen Sprungtemperaturen dargestellt. Der unbehandelte Faden wurde 15 min bei 130 °C in Luft einerseits unter Spannung, andererseits spannungslos im Strang vorbehandelt.

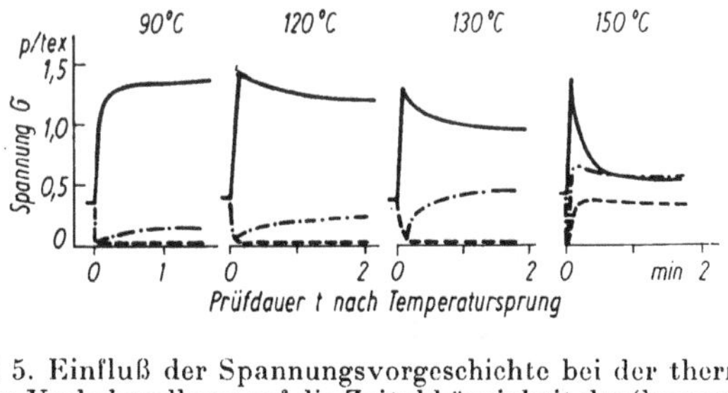

Bild 5. Einfluß der Spannungsvorgeschichte bei der thermischen Vorbehandlung auf die Zeitabhängigkeit der Spannung σ bei Temperatursprüngen auf 90, 120, 130 und 150 °C.
——— unbehandelter Faden,
–·–·– eingespannt fixierter Faden,
– – – spannungslos fixierter Faden

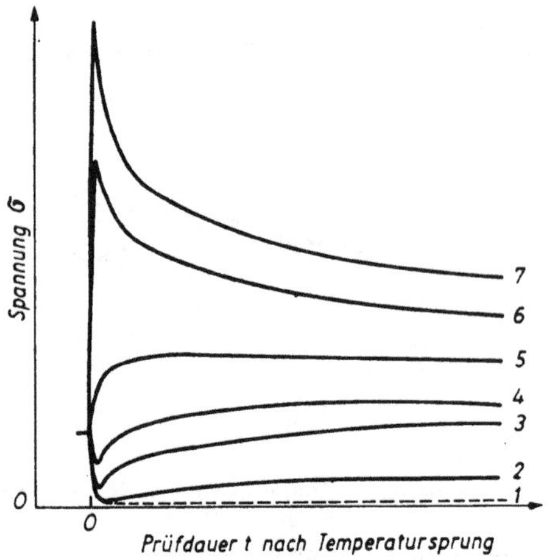

Bild 6. Schematische Darstellung des Verlaufs der Zeitabhängigkeit der Spannung σ bei Temperatursprüngen für unterschiedlich vorbehandelte Fäden oder für verschiedene Sprungtemperaturen. Für eine Sprungtemperatur steigt der Fixierungseffekt des Fadens von Kurve 7 (unbehandelter Faden) zu 1 (vollkommen fixierter Faden), für einen Faden steigt die Sprungtemperatur von Kurve 1 zu 7.

Die in den Bildern 1 bis 5 angeführten Beispiele zeigen die Unterschiedlichkeit der Spannungs-Zeit- bzw. Spannungs-Temperatur-Kurven. Im Bild 6 wurden die Spannungs-Zeit-Kurven schematisch zusammengefaßt.

4.2. *Zusammenhänge zwischen der Spannung ungedehnter Fäden und der Schrumpfung*

Der Zusammenhang zwischen der Spannung ungedehnter Fäden bei unterschiedlichen Temperatursprüngen und der Schrumpfung als Verhältnis der Differenz der ursprünglichen und verkürzten Länge zur ursprünglichen Länge wurde an mit gleicher Geschwindigkeit und auf gleichen Reckgrad gereckten, aber verschiedenartig wärmebehandelten Fäden verfolgt. Die Abhängigkeit der Spannung vom Logarithmus des Schrumpfes bei verschiedenen Sprungtemperaturen ist im Bild 7 dargestellt. Die Spannung wurde 5 min nach Aufbringen des Temperatursprunges gemessen, der Schrumpf in einem Trockenschrank nach 15 min Behandlung bei einer Temperatur von 130 °C. Die Geraden durch die Meßpunkte wurden nach der Methode der kleinsten Quadrate berechnet, wobei die Korrelationskoeffizienten zwischen 0,965 und 0,995 lagen.

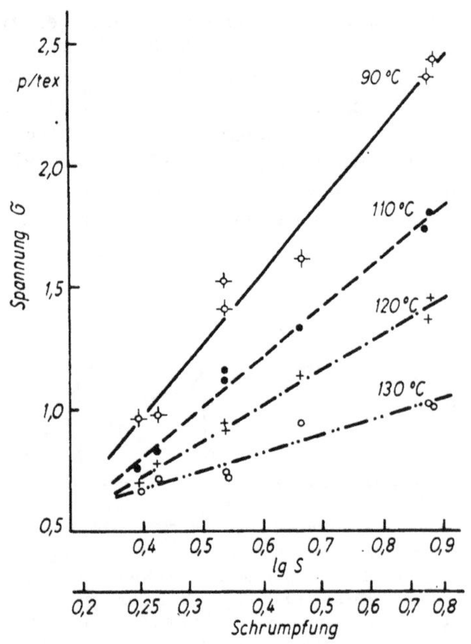

Bild 7. Abhängigkeit der Spannung σ vom Logarithmus des Schrumpfes S bei verschiedenen Sprungtemperaturen

4.3. *Vergleich unterschiedlicher Chemieseiden*

Wie schon erwähnt, hängen die Spannung und ihr Verlauf auch vom Material ab. Der Unterschied in der Spannung handelsüblicher glatter Chemieseiden ist im Bild 8 dargestellt. Die angeführten Spannungs-Temperatur-Abhängigkeitspunkte wurden bei verschiedenen Temperaturen 10 min nach Aufbringen des Temperatursprunges gemessen. Der Unterschied zwischen den Materialien geht aus Bild 8 klar hervor.

5. *Zusammenfassung*

Die Veränderungen der Faserstruktur bei erhöhter Temperatur machen sich durch Schrumpfung bei konstanter, sehr kleiner Spannung oder durch die innere Spannung bei eingespannten, ungedehnten Fäden bemerkbar. Bei einer Sprung- oder Meßtemperatur, die unter der Temperatur einer vorangegangenen Wärmebehandlung liegt, steigt die Spannung mit der Zeit je nach Art des Faserstoffes und den Prüfbedingungen an. Nach Überschreiten der Vorbehandlungstemperatur, bei der ein Pseudogleichgewicht entstand, treten Rekristallisation und Strukturveränderungen auf. Die Relaxationszeiten verkürzen sich mit der Temperatur. Bei weiterer Erhöhung der Temperatur bis nahe dem Schmelzpunkt wird die Relaxation beschleunigt, und schließlich kommt es zur Zerstörung des Fadens.

Die Verfolgung der Zeit- und Temperaturabhängigkeiten der Spannung eingespannter, ungedehnter Fäden kann als empfindliche Methode zur Kontrolle des technologischen Prozesses benutzt werden.

Frau *I. Mačuráková* und Frau *A. Vojtková* danke ich für sorgfältige Durchführung der Messungen auf dem Contractiometer.

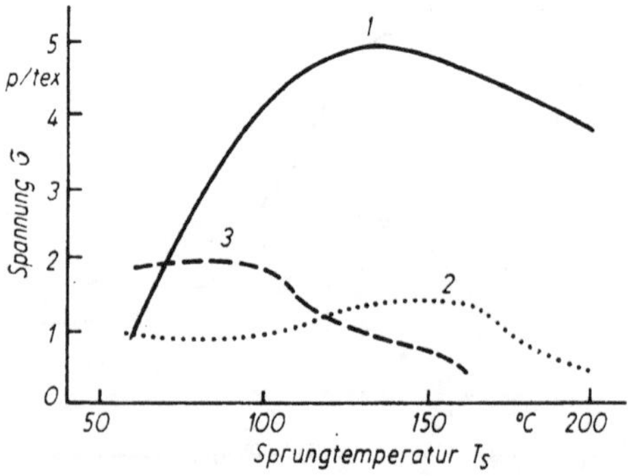

Bild 8. Abhängigkeit der Spannung σ von der Sprungtemperatur T_S für verschiedene glatte Chemieseiden.
1 — Polyesterseide SLOTERA, 16,5 tex,
2 — Polyamid 6-Seide CHEMLON, 10,0 tex,
3 — Polypropylenseide, 11,0 tex

Literatur

[1] *Mandelkern, L.:* Crystallization of Polymers. New York/San Francisco/Toronto/London: McGraw-Hill Book Co. 1964.

[2] *Fuchino, K.*, und *Nakamichi, H.:* Studies on thermal stress of textile materials. (2) Variation of thermal stress produced by elongation of P. P. fibre. Sen-i Gakkaishi (J. Soc. Fiber Sci. Technol. Japan) **20** (1964) 7, S. 438—447.

[3] *Statton, W. O.:* Effect of tension and temperature on crystalline polymer texture. J. Polymer Sci., Part C.: Polymer Symposia **32** (1971) S. 219—235.

[4] *Peterlin, A.:* Morphology and properties of crystalline polymers with fiber structure. Textile Res. J. **42** (1972) S. 20—30.

[5] *Perepelkin, K. E.:* Gegenwärtige Vorstellungen über die Struktur, die Spinnprinzipien und die physikalischen Eigenschaften hochorientierter Chemiefaserstoffe. Faserforsch. u. Textiltechnik/Z. Polymerforsch. **25** (1974) 6, S. 251—267.

[6] *Natta, G.*, und *Compostella, M.:* Neue Entwicklung der Polypropylenfaser. Lenzinger Ber. Lenzing/Österr. (1967) 24, S. 8—25.

[7] *Wyckoff, H. W.:* X-ray and related studies of quenched, drawn, and annealed polypropylene. J. Polymer Sci. **62** (1962) S. 83—114.

[8] *Kamide, K.*, und *Fujii, K.:* Sen-i Gakkaishi (J. Soc. Fiber Sci. Technol. Japan) **23** (1967) 6, S. 277—282.

[9] *Pakšver, A. B.*, *Filbert, D. V.*, und *Molkova, G. N.:* Einfluß der Herstellungsbedingungen von Polypropylenfäden auf ihre Schrumpfung beim Erwärmen. Faserforsch. u. Textiltechnik **22** (1971) 7, S. 329—334.

[10] *Druzsbaczky, G.*, und *Bodor, G.:* Schrumpfverhalten von Polypropylenfäden verschiedener relativer Molekülmassen. Faserforsch. u. Textiltechnik/Z. Polymerforsch. **25** (1974) 9, S. 392—396.

[11] *Pechočová, M.*, und *Rzyman, T.:* Posouzení metod k hodnocení změn vlastností polypropylenových vláken po tepelném zpracování (Die Beurteilung der Methoden zur Bewertung der Eigenschaftsveränderungen von PP-Fäden nach Wärmebehandlung). Chem. Vlákna, Svit (Chemiefaserstoffe) **24** (1974) 1, S. 13—21.

[12] *Nosov, M. P.*, *Michlina, V. V.*, *Morjakovskaja, E. P.*, und *Pakšver, A. B.:* Über die Stabilität des Wärmebehandlungseffektes bei Kapronfäden. Chim. Volokna, Moskva (Chemiefaserstoffe) (1968) 1, S. 45—47.

[13] *Latzke, P. M.*, und *Hage, E.:* Das Contractiometer, ein Gerät zur Bestimmung der Schrumpfkraft von synthetischen Garnen. Chemiefasern **21** (1971) 4, S. 260—267.

[14] *Pechočová, M.*, und *Vodhanelová, I.:* Hodnocení průběhu napětí ve vlákne při zvýšené teplote u hladkého polypropylenového hedvábí (Die Bewertung des Spannungsverlaufs in glatter PP-Seide bei erhöhter Temperatur) Chem. Vlákna, Svit (Chemiefaserstoffe) **23** (1973) 2, S. 15 bis 18.

[15] *Mrozowski, M.:* Kurczliwość włókien (Fadenschrumpfung). Włókna chem. — (Seszyty problemowe, Łodz (1974) 4, S. 97—124.

[16] *Gerasimova, L. S.*, u. a.: Strukturuntersuchung der PP-Fäden mit der Methode des isometrischen Aufheizens. Chim. Volokna, Moskva (Chemiefaserstoffe) (1971) 1, S. 70—72.

[17] *Sucharev, N. I.:* Untersuchung des Hochgeschwindigkeits-Spinnprozesses von PP-Fäden. In: *Fichman, V. D.* (Ed.): Herstellung von synthetischen Faserstoffen. Moskva: Izd. Chimija 1971, S. 113—117.

[18] *Fuchino, K.*, und *Nakamichi, H.:* Studies of thermal stress with textile materials. Part I. Variation of thermal stress with drawn polypropylene monofilament. Sen-i Gakkaishi (J. Soc. Fiber Sci. Technol. Japan) **20** (1964) S. 67—75.

[19] Kanebo thermal stress tester. Textile Month. (1972) August, S. 48.

[20] *Stein, W.:* Kräuselkontraktionskraft und -arbeit texturierter Garne. Chemiefasern **21** (1971) 10, S. 891—896.

Eingegangen am 9. April 1975

Neue Bücher

Process Control in Weaving. Von *M. C. Paliwal* und *P. D. Kimothi.* (ATIRA Silver Jubilar Monograph). Ahmedabad/Indien: Ahmedabad Textile Industry's Research Association (ATIRA). 1974. XIV, 278 S., Lwd., $ 11,50.

Die Autoren dieses Fachbuches unternehmen den Versuch, alle wesentlichen Kriterien einer Prozeßkontrolle in der Weberei und deren Vorbereitungsabteilungen erstmals in einer in sich geschlossenen übersichtlichen Abhandlung darzustellen. Dadurch kann eine Lücke im Angebot an Fachliteratur geschlossen werden. Als Leser werden von den Autoren vorwiegend Technologen, Produktionsleiter sowie Studenten der Webereitechnologie angesprochen.

Viele Normen und Empfehlungen basieren zwar auf dem Entwicklungsstand der Textilindustrie in Indien (Maschinen- und Gewebetypen, Qualität des Rohmaterials), sind jedoch modifiziert auch unter anderen Verhältnissen anwendbar. Die Prinzipien und Methoden der Kontrolle sind universell.

Nach allgemeinen Ausführungen über die Bedeutung der Prozeßkontrolle werden die Möglichkeiten der Anwendung und die Methoden in den einzelnen Abteilungen besprochen. Sehr detailliert werden die einzelnen Prozeßstufen, wie Spulen, Schären, Schlichten und Weben, analysiert und daraus resultierende Produktivitäts- und Effektivitätskriterien ermittelt. Anhand von Tabellen, grafischen Darstellungen und Berechnungen werden dem Leser die Probleme verdeutlicht. Nach der Beurteilung der Qualität der Webereierzeugnisse erfolgt eine Besprechung des Abfallproblems in den einzelnen Abteilungen, und es wird auf besondere Verschleißteile an den einzelnen Maschinen hingewiesen. Auf besondere Probleme, die sich bei der Herstellung verschiedener Mischgewebe ergeben, wird gesondert eingegangen. Im Anhang des Buches findet der Leser noch einmal eine zusammenfassende Darstellung wesentlicher Kontrollmethoden und durch Beispiele ergänzte Berechnungen wichtiger Kenngrößen.

Neben dem bereits durch die Autoren angesprochenen Leserkreis kann das Buch auch Ökonomen, Konstrukteuren und TKO-Leitern empfohlen werden. *Böhm*

End Breaks in Ring Spinning. Von *T. A. Subramanian* und *A. R. Garde* (ATIRA Silver Jubilar Monograph). Ahmedabad/Indien: Ahmedabad Textile Industry's Research Association (ATIRA). XV, 123 S., Lwd., $ 11,50.

Dieses Buch, das zum 25jährigen Bestehen von ATIRA herausgegeben wurde, ist eine sehr günstige Zusammenstellung von Artikeln aus den Zeitschriften Journal of The Textile Institute, Melliand Textilberichte, Textil-Praxis und Textile Research Journal, die zu den Problemen des Fadenbruches in der Ringspinnerei durch ATIRA in den 60er Jahren veröffentlicht worden sind. Es wird dadurch dem diese Problematik interessierenden Textilfachmann das Studium wesentlich erleichtert.

In diesem Buch werden keine größeren theoretischen Abhandlungen zu Problemen der Fadenbeanspruchung während des Spinnprozesses o. ä. angegeben, wie sie sicherlich den Autoren möglich gewesen wären, sondern sehr konkrete praktische Versuchsergebnisse zur Beeinflussung der Fadenbruchzahl im Spinnprozeß durch verschiedene Einflußfaktoren. Von der Analyse der Ursachen für Fadenbrüche ausgehend (z. B. Einfluß der Gleichmäßigkeit des Vorgarnes, der Spinnspannung, der Drehungsausbreitung im Spinnzonengarn und der Wechselwirkung von Drehung und Spannung in der Spinnzone auf die Fadenbruchzahl), werden Vorrichtungen beschrieben, die an konventionellen

Ringspinnmaschinen angebaut werden können und dort zu einer beachtenswerten Verminderung der Fadenbruchhäufigkeit führen. Sehr brauchbar sind auch die Berechnungen, die zur Ermittlung des Wirkungsgrades in der Ringspinnerei angegeben werden, und die Untersuchungen zum Einfluß der Fadenbruchzahl auf die Rentabilität des Spinnereibetriebes.

Bei der Gestaltung des Buches hätte beachtet werden sollen, daß bei einer Übernahme von Bildern aus Zeitschriftenartikeln mit entsprechender Numerierung der Teile von Vorrichtungen diese auch im Text dieses Buches hätten erklärt werden müssen, um dem uneingeweihten Leser ebenfalls ein lückenloses Verständnis zu ermöglichen.

Dieses Buch wird für den Forscher auf dem Gebiet der Spinnereitechnologie und vor allem für den Technologen eine wertvolle Unterstützung sein. *Friedel*

MTP International Review of Science: Surface Chemistry and Colloids, Physical Chemistry. Series One, Volume 7. Hgg. von *M. Kerker* (Consultant Editor: *A. D. Buckingham*) London: Butterworts, Baltimore: University Park Press 1972, XII, 306 S., Kunstleder, $ 24.50.

Mit den internationalen MTP-Übersichten (Medical and Technical Publishing Co. Ltd.) über verschiedene Gebiete der Wissenschaft wird beabsichtigt, einen umfassenden, kritischen und kontinuierlichen Überblick über Wachstum und Fortschritte in der Forschung zu liefern. Für das schwierige Problem auf einer angemessenen Breite mit den neuen Erkenntnissen und Fortschritten auf dem laufenden zu bleiben, erscheint die Form der Übersichts- und Querschnittsdarstellung besonders günstig. Der vorliegende Band 7 von *M. Kerker* beschäftigt sich mit der Oberflächen- und Kolloidchemie und gehört zur 13bändigen MTP-Ausgabe der physikalischen Chemie, chemischen Kristallografie und analytischen Chemie (Serie 1), wobei insbesondere beabsichtigt wird, aktuelle und allgemeine Forschungstendenzen widerzuspiegeln.

In 8 Kapiteln werden von autorisierten Wissenschaftlern Probleme und Ergebnisse zu folgenden Themen der Kolloid- und Oberflächenchemie dargestellt: Grenzflächenerscheinungen an dünnen Filmen und Membranen, Festkörperoberflächen, oberflächenaktive Systeme, Probleme der Keimbildung und Sorption sowie wäßrige Dispersionen. Im einzelnen sind dies Beiträge von:

G. L. Gaines: Unlösliche Monoschichten,
H. Ti Tien: Membranen, ihre Grenzflächenchemie und Biophysik,
W. P. Ellis: Fortschritte in der Untersuchung von Festkörperflächen,
P. Ekwall, I. Danielsson, P. Stenius: Aggregation in oberflächenaktiven Systemen,
G. M. Pound, K. Nishioka, J. Lothe: Theorie der homogenen Keimbildung aus der Dampfphase,
S. J. Greeg: Die physikalische Adsorption von Gasen,
H. Wise: Chemisorption an Kristallflächen von Wolfram,
D. H. Napper, R. J. Hunter: Hydrosole.

Die Darstellungen in den einzelnen Kapiteln zeigen, wie mannigfaltig die Probleme in der Kolloidchemie und bei den Grenzflächenerscheinungen sind. Man muß mit Recht davon ausgehen, daß mit der Möglichkeit der Durchführung exakter Experimente und nüchterner und klarer Interpretation der Ergebnisse, dieser Wissenschaftszweig besonders leistungsfähig ist. Es besteht andererseits auch ein großes Interesse auf diesem Gebiet, da diese Wissenschaft eine zentrale Position für die Aufklärung einiger bedeutender Probleme in der Technologie und Natur — sowohl im belebten als auch unbelebten Bereich — einnimmt. Selbstverständlich gibt es aber auch noch genügend offene Fragen wie z. B. bei der Beschreibung und dem Verständnis der Membranen, die im biologischen Bereich eine so wichtige Funktion besitzen und zu erstaunlichen Leistungen befähigt sind. Dafür sind insbesondere Untersuchungen an Modellsystemen wie den dünnen Filmen notwendig. Darüber hinaus gibt es auch andere Stoffsysteme und Erscheinungen im kolloiden Bereich, wie die Festkörperoberflächen und die verschiedensten Dispersionen, die es gilt, exakter zu beschreiben.

Da die MTP-Bände keine Sachverzeichnisse besitzen, ist jedes Kapitel mit einem detaillierten Inhaltsverzeichnis versehen. Die einzelnen Beiträge sind gut gegliedert und übersichtlich aufgebaut. Nach Herausgabe des letzten Bandes MTP-Reihe für physikalische Chemie (Serie 1), wird ein separater Verzeichnisband erscheinen. Besonders vorteilhaft ist bei diesen MTP-Übersichten, daß sie alle zwei Jahre mit neuen Inhalten und ähnlicher Thematik herausgegeben werden. Es kann eingeschätzt werden, daß die ausgewählten Themen auf dem Gebiet der Kolloid- und Oberflächenchemie, die inhaltlich zum Teil aus sehr unterschiedlichen Gebieten kommen, systematisch und kritisch dargestellt wurden. In den einzelnen Beiträgen wird eine Analyse des Forschungsstandes durch umfangreiche Literatur gegeben, und es werden die Möglichkeiten und Grenzen der Forschung auf dem jeweiligen Gebiet kritisch abgesteckt.

Dieser Band stellt in erster Linie eine umfangreiche Informationsquelle über den Entwicklungsstand dieses Wissenschaftsgebietes dar, gibt jedoch zweifelsohne für die Polymerforschung Anregungen zur Charakterisierung und Untersuchung von Polymerstrukturen, -oberflächen, -membranen und -dispersionen. Dieser Band und überhaupt die gesamte MTP-Serie kann deshalb jedem physikochemisch arbeitenden und interessierten Wissenschaftler empfohlen werden, um sich über die Forschungstendenzen und die Fortschritte auf diesem Gebiet zu informieren.

H. J. Purz

Scanning Electron Microscopy: Systems and Applications 1973. Hgg. von *W. C. Nixon.* (Conference Series No. 18) London/Bristol: The Institute of Physics 1973. X, 338 S. Lwd. $ 11.50.

Mit der Herausgabe seiner Conference Series ermöglicht das Institute of Physics einem breiten Leserkreis, sich über Spezialtagungen in Großbritannien mit einem eng begrenzten Teilnehmerkreis zu informieren.

Der vorliegende Band 18 enthält Beiträge, die auf der SEM-Konferenz in Newcastle 1973 vorgetragen und nach folgenden Schwerpunkten gegliedert wurden:

— Geräteentwicklung (14 Vorträge)
— dynamische Untersuchungen (8 Vorträge)
— Fragen des Kontrastes, des Auflösungsvermögens und Proben-Strahl-Wechselwirkungen (7 Vorträge)
— Anwendung der Scanning-Transmissionselektronenmikroskopie (STEM) (6 Vorträge)
— Spezialanwendungen (6 Vorträge)
— Analysentechnik (12 Vorträge)
— kristallographische Untersuchungen (10 Vorträge)

Im Vordergrund des Interesses bei der Anwendung der SEM stehen Fragen der Geräteverbesserung, speziell der Einsatz von Feldemissionskatoden, der computergesteuerten Bildauswertung sowie der Analysentechnik. Die STEM-Methode wird in letzter Zeit stark beachtet und angewendet, da hierbei die Vorzüge der Transmissionsmikroskopie mit denen der Rastermikroskopie vereint genutzt werden können und nur relativ niedrige Anschaffungskosten im Vergleich zu separaten Geräten entstehen.

Wie die Untersuchungen zur Probenbeeinflussung durch den Elektronenstrahl an amorphen Polymeren, die Studien an Anthracenverbindungen sowie der Einsatz der Analysentechnik bei dünnen biologischen Proben zeigt, wird die SEM nunmehr bei derartigen Objekten nicht allein nur zur „morphologischen" Charakterisierung, sondern vermehrt für Struktur-Eigenschaftsuntersuchungen eingesetzt.

Jedem Leser gibt dieser Konferenzband die Möglichkeit, sich einen umfassenden Einblick in die augenblicklichen Probleme und Anwendungsgebiete zu verschaffen.

E. Schulz

Polyesterfasern. Chemie und Technologie. Von *Hermann Ludewig* unter Mitarbeit von *Lutz Brenner, Raimund Eppendorfer, Lieselotte Füller, Wolfgang Gerhardt* †, *Ernst Littman, Werner Roth, Eberhard Seyfarth* und *Heinz Zimmermann.* Berlin: Akademie-Verlag 1975. VIII, 568 S., Lwd., M 68,—.

Die 2. Auflage wurde gegenüber der 1965 herausgegebenen 1. Auflage erweitert und im wesentlichen auf den neuesten Stand gebracht. Beibehalten wurde die bewährte Einteilung in die 12 Kapitel (Entwicklungsgeschichte; Grundlagen und

Verfahrensschema; Rohstoffe; Chemie und Technologie der Polykondensation; Schmelzspinnprozesse; Verstrecken; Fixierung; Zwirnen, Spulen, Schären; Kräuseln, Schneiden; Abfallaufbereitung; Fadeneigenschaften und Anwendung).

Für den Chemiker ist besonders der stark erweiterte Abschnitt über Chemie und Technologie interessant. Dieser Abschnitt gibt mit 415 Verweisungen auf Originalliteratur einen ausgezeichneten Überblick über die chemischen Probleme der Umesterung, Direktveresterung und Polykondensation. Sehr interessant ist auch die Herstellung der Polyester-Rohstoffe dargestellt, hier hätte aber eine Kürzung und Konzentrierung auf die wesentlichsten Verfahren erfolgen können. Sehr ausführlich werden die Analysen- und Prüfmethoden für Polyäthylenterephthalat (Molmassen- und Endgruppenbestimmungen, Katalysatorbestimmungen usw.) anhand der neuesten Literatur abgehandelt. Damit wird der wissenschaftlichen Entwicklung Rechnung getragen und ein Mangel der 1. Auflage beseitigt.

Die Kapitel über die Fadenherstellung und -verarbeitung wurden durch neues Bildmaterial aktualisiert. Hier zeigt sich besonders deutlich die schnelle Entwicklung der Technologie in den letzten Jahren.

Einige Kapitel wurden aber bei der Aktualisierung vergessen. So wurde z. B. bei Kapitel 5.2.2.2.2 „Extruder" der vor zehn Jahren geschriebene Text unverändert übernommen, in dem Spinnextruder noch als eine Art „Kuriosität" dargestellt waren. Der Schwerpunkt liegt deshalb auf der Behandlung des Rostspinnens.

Insgesamt gesehen, ist der neue „*Ludewig*" ein Nachschlagewerk nicht nur für Polyesterfachleute, sondern für alle mit der Herstellung und Verarbeitung von Hochpolymeren Beschäftigten.

Leider ist die Qualität des Druckes der Abbildungen teilweise schlecht. Bei einem Nachdruck sollte Wert auf verbesserte Bildqualität gelegt werden. *K. Dietrich*

Plasmamembranen. Chemie, Biologie und *Pathologie.* Von *Donald F. Hoelzl Wallach* und *Hubertus G. Knüfermann.* (Heidelberger Taschenbücher Band 132. Übersetzung der engl. Originalausgabe von 1972.) XIV, 240 S. geh. DM 18,60. Berlin/Heidelberg/New York: Springer 1973.

Das Buch gibt erstmalig einen zusammenfassenden Überblick über die Kenntnisse auf dem Gebiet der Plasmamembran. Es werden sowohl die experimentellen Ergebnisse als auch die theoretischen Vorstellungen über die Plasmamembran bis zur Modellmembran erfaßt.

Das Untersuchungsobjekt Plasmamembran beschäftigt in der heutigen Zeit nicht nur den Membranbiologen, sondern Wissenschaftler verschiedenster Gebiete bis hin zum Arzt. Hauptanliegen des Buches ist es, für Biologie und Medizin den Kenntnisstand darzulegen, die praktische Anwendung der Grundlagenforschung und eine geeignetere gegenseitige Verständigung zu ermöglichen. Das 741 Literaturzitate umfassende Literaturverzeichnis leistet hierzu seinen Beitrag. Es enthält vor allem Literaturangaben der sechziger Jahre bis zum Stand von 1973.

Gegliedert wurde das Buch in 6 Kapitel: Einer allgemeinen Einleitung und Begriffsdefinition folgt ein relativ ausführliches Kapitel über „Isolierung, Fraktionierung und biochemische Eigenschaften von Biomembranen". Hier erhält der Leser einen guten Überblick über die Methoden des Zellaufschlusses, der Zentrifugation, der Membranfraktionierung sowie der Analyse und Charakterisierung der isolierten Membranen.

Kapitel III geht auf spezielle Methoden zur Untersuchung von Biomembranen ein; hier seien biochemische Methoden wie Chromatographie, Ultrazentrifugation oder PAA-Gel-Elektrophorese und spektroskopische Methoden wie IR, NMR, CD oder ORD genannt. Kapitel IV befaßt sich mit der Genetik tierischer Plasmamembranen, wobei den Antigenen der breiteste Raum gewidmet ist. Den Membranmodellen und Modellmembranen ist das Kapitel V vorbehalten. Es werden verschiedene Struktur-Modelle vorgestellt sowie dynamische Modelle diskutiert. Ein kurzer Abschnitt geht auf Modellmembranen ein.

Das umfangreiche Kapitel VI enthält die „Biologie und Pathologie der Plasmamembranen". Hier wird u. a. auf den Transport, auf die Wirkung toxischer Metalle, auf Hb-Mutanten und resultierende Veränderungen der Erythrozyten-Membran, auf Parasiten, Strahlungseinfluß und Transportdefekte eingegangen.

Das Buch stellt eine Zusammenstellung der — viele Wissenszweige einschließenden — Plasmamembran-Forschung dar. Es vermag in seiner Art dem Chemiker oder Physiker als Anregung zu dienen für künftige Forschungen sowie dem Biologen oder Mediziner einen Überblick zu geben über den heutigen Stand — verbunden mit der Möglichkeit, Schlüsse für die praktische Arbeit abzuleiten.

J. Sciborski

Patentschau

Auszug aus der Lieferung 7/1975 der Patentschau „Faserstoffe und Textiltechnik",
Ausgabe A: Faserstoffe einschl. Kunststoffe und organ. Grundsubstanzen, zusammengestellt von der Abteilung Information und Dokumentation des Instituts für Polymerenchemie der AdW der DDR, 153 Teltow-Seehof, Kantstr. 55

Die Patentschau ist nach der Internationalen Patentklassifikation (IPC) gegliedert. Es bedeuten: DLP = DDR-Patent: DTP = Deutsches Bundespatent; DTA = (West)Deutsche Auslegeschrift: DTO = (West)Deutsche Offenlegungsschrift; OEP = Oesterreichisches Patent; POP = Polnisches Patent; CHP = Schweizer Patent; FRP = Französisches Patent; GBP = Britisches Patent; JAP = Japanisches Patent; SWP = Schwedisches Patent; SUP = Sowjetisches Patent; CSP = Tschechoslowakisches Patent; USP = Amerikanisches Patent; A. = Anmeldedatum, O. bzw. B. = Tag der Ausgabe der Patent-, Offenlegungs- bzw. Auslegeschrift.

Sektion B. Arbeitsverfahren

B 65. Fördern, Packen, Lagern; Handhaben dünner oder fadenförmiger Werkstoffe

B 65h Behandeln von dünnem oder fadenförmigem Gut, z. B. Folien, Gewebe, Kabel

DTO 2330932. Vorrichtung zur Änderung des Aufbaus von Wickeln aus Fäden und dgl. beim Aufspulen mittels Spulmaschinen und dgl. Erf.: *Peter Hermanns.* Anm.: F. M. N. Schuster & Co., 5030 Hürth. A. 18. 6. 73, B. 16. 1. 75. Int. Kl.: B 65 H 54/32. A.-Z.: P 2330932.

DTO 2330961. Verfahren und Vorrichtung zur Bildung einer Fadenreserve. Erf.: *Josef Bach, Horst Kollwig, Wolfgang Meitzner* u. a. Anm.: Farbwerke Hoechst AG vorm. Meister Lucius & Brüning, 6000 Frankfurt. A. 18. 6. 73, B. 16. 1. 75. Int. Kl.: B 65 H 54/34. A.-Z.: P 2330961.

FRP 2233847 (A). Vorrichtung zum Führen eines Fadens. Inh.: Ateliers Roannais de Constructions Textiles. A. 14. 6. 73, B. 14. 1. 75. Int. Kl.: B 65 H 54/50. A.-Z.: 7321803 (Zus. z. Anm. m. A.-Z.: 7233594, A. 21. 9. 72).

Sektion C. Chemie und Metallurgie

CHEMIE

C 01. Anorganische Chemie

C 01b. Nicht-metallische Elemente, Metalloide und ihre Verbindung, außer den unter C 01c aufgeführten

GBP 1385213. Verfahren zur Herstellung von Kohlenstoffasern. Inh.: Secretary of State for Defence. A. 29. 3. 72, B. 26. 2. 75. Kl.: C1.A, Int. Kl.: D 01 F 9/12. A.-Z.: 14761/72.

JAP 7448926 (Offenlegung). Kohlenstoffäden. Erf.: *Hisao Okada, Toru Takemura, Toshio Sakurai.* Inh.: Mitsubishi Rayon Co. Ltd. A. 14. 9. 72, B. 11. 5. 74. Kl.: 42 EO. A.-Z.: 7292602.

C 03. Glas; Mineral- und Schlackenwolle

C 03b. Herstellung, Formgebung und Nachbehandlungsverfahren

CHP 561670. Verfahren zur Herstellung einer Glasfaser. Erf.: *Paul Grahame O'Connor, Felix Trojer, Helmut Tannenberger.* Inh.: Battelle Memorial Institute, 7, Route de Drize, Carouge GE. A. 4. 12. 72. Int. Kl.: C 03 B 37/02. A.-Z.: 17638/72. Entspr. DTO 2360699 u. FRP 2208851.

CSP 160467 (Urheberschein). Befestigungskonstruktion für einen Ofen zur Einstufenherstellung von Glasfasern. Erf.: *Vladimír Sauer, Oldřich Helan, Jiři Zagora.* Inh.: Vertex, n. p., Litomyšl. A. 16. 3. 73, B. 24. 6. 74. Kl.: 32a, 37/02, Int. Kl.: C 03b 37/02. A.-Z.: 1934/73.

USP 3865566. Verfahren und Vorrichtung zur Herstellung und Sammlung von Fasern. Erf.: *Dale Kleist.* Inh.: Owens-Corning Fiberglas Corp., Toledo, Ohio. A. 17. 12. 73, B. 11. 2. 75. Kl.: 65-6, Int. Kl.: C 03b 37/04. 14 Anspr. A.-Z.: 425592 (s. a. A.-Z.: 236623, A. 21. 3. 72). A.-Z.: 236623 entspr. DTO 2313376 u. FRP 2176935.

C 07. Organische Chemie

C 07c. Acyclische und carbocyclische Verbindungen

USP 3859344. Verfahren zur kontinuierlichen Herstellung von hochreiner Terephthalsäure. Erf.: *Motoo Shigeyasu, Kenzo Kuihara.* Inh.: Maruzen Oil Co. Ltd.; Maksuyama Petrochemicals Inc., Osaka (JA). A. 3. 4. 72, B. 7. 1. 75. Kl.: 260—524 R, Int. Kl.: C 07c 63/02. 25 Anspr. A.-Z.: 240520. Prior.: 3. 4. 71 (JA; A.-Z.: 46—20425). Entspr. DTO 2216208, FRP 2132363 u. GBP 1350874.

C 07d. Heterocyclische Verbindungen

DTO 2430757. Verfahren zur Gewinnung von epsilon-Caprolactam aus einem aus epsilon-Caprolactam und Schwefelsäure bestehenden Reaktionsgemisch. Erf.: *Abraham Hermanus De Rooij, Jans Elmendorp.* Anm.:- Stamicarbon B. V., Geleen (NL). A. 26. 6. 74, B. 23. 1. 75. Int. Kl.: C 07 D 223/10. A.-Z.: P 2430757. Prior.: 26. 6. 73 (NL; A.-Z.: 7308834). Entspr. FRP 2235121.

FRP 2233321 (B). Verfahren zur Herstellung von ε-Caprolactam. Inh.: Stamicarbon B. V. A. 11. 6. 74, B. 14. 2. 75. Int. Kl.: C 07 D 201/16, 223/10, G 08 G 69/14. A.-Z.: 7420123. Prior.: 12. 6. 73 (NL; A.-Z.: 7308100). Entspr. DTO 2428203.

FRP 2235121 (B). Verfahren zur Erzeugung von ε-Caprolactam. Inh.: Stamicarbon B. V. A. 25. 6. 74, B. 28. 2. 75. Int. Kl.: C 07 D 223/06, G 01 C 1/24. A.-Z.: 7422071. Prior.: 26. 6. 73 (NL; A.-Z.: 7308834). Entspr. DTO 2430757.

JAP 7406317. ε-Caprolactam. Erf.: *Shokei Shibata, Tadamitsu Kiyoura.* Inh.: Mitsui Toatsu Chemicals Inc. A. 14. 3. 70, B. 13. 2. 74. Int. Kl.: C 07b, B 01j. A.-Z.: 7021202.

C 08. Makromolekulare Verbindungen; ihre Herstellung und chemische Verarbeitung; auf diesen Verbindungen beruhende Gemische

C 08b. Polysaccharide und deren Derivate

SUP 331063 (Urheberschein). Verfahren zur Herstellung von Pfropfcopolymeren der Cellulose. Erf.: *V. N. Samojlov, R. M. Livšic, B. P. Morin* u. a. A. 15. 4. 69, B. 15. 3. 75. Int. Kl.: C 08b 15/00. A.-Z.: 1322887/23—5.

SUP 463679 (Urheberschein). Verfahren zur Modifizierung von Xanthogenaten hydroxylgruppenhaltiger Polymere. Erf.: *G. A. Gabrieljan, B. L. Biber, G. I. Karpova.* A. 18. 6. 70, B. 15. 3. 75. Int. Kl.: C 08b 15/06, C 08f 27/08. A.-Z.: 1451421/23—5.

USP 3861932. Stabilisierung von Nitrocellulose. Erf.: *Bernard L. Kabacoff, George Mohr, Charles M. Fairchild.* Inh.: Revlon, Inc., New York, N. Y. A. 13. 12. 73, B. 21. 1. 75. Kl.: 106—187, Int. Kl.: C 08b 21/12, 27/42. 5 Anspr. A.-Z.: 424576.

C 08f. Polymerisationsprodukte

FRP 2235951 (B). Verfahren zur Abtrennung und Rückgewinnung von Schwefeldioxid und von nicht in Reaktion getretenem Monomer oder Monomergemisch bei der Polymerisation oder Copolymerisation von Acrylnitril. Inh.: Società Italiana Resine S.I.R. S.p.A. A. 5. 7. 74, B. 7. 3. 75. Int. Kl.: C 08 F 6/10, 20/44. A.-Z.: 7423545. Prior.: 6. 7. 73 (IT; A.-Z.: 26269 A/73).

SUP 459245 (Urheberschein). Vorrichtung zur Steuerung eines rohrförmigen Polymerisationsreaktors. Erf.: *B. V. Vol'ter, V. S. Getmancev, Ju. N. Kondrat'ev* u. a. Anm.: Gosudarstvennyj vsesojuznyj central'nyj ordena Trudovogo Krasnogo Znameni naučno-issledovatel'skij institut kompleksnoj avtomatizacii. A. 19. 7. 72, B. 5. 2. 75. Int. Kl.: B 01j 1/00, C 08f 1/00, G 05d 27/00. A.-Z.: 1812543/23—26.

USP 3865672. Verfahren zum Entfernen flüchtiger Bestandteile aus Polymerlösungen. Erf.: *Lothar Metzinger, Alfred Gottschalk, Klaus Schoettle* u. a. Inh.: Badische Anilin- & Soda-Fabrik AG, Ludwigshafen/Rh. (DT). A. 26. 7. 72, B. 11. 2. 75. Kl.: 159—47 R, Int. Kl.: B 01d 1/00, F 26b 7/00. 6 Anspr. A.-Z.: 275360.

DLP 111913. Verfahren zur Herstellung von Katalysatoren. Erf.: *Anatoly Pomogailo, Dmitrievic Urakbai, Alimbaevič Mambetov, Dmitry Vladimirovič Sokolsky* u. a. Inh.: Institut Chimii Nefti i Prirodnych Solej Akademii Nauk Kazackskoj SSR (SU). A. 21. 12. 72, B. 12. 3. 75. Kl.: 39b4, 1/42, Int. Kl.: C 08f 1/42. A.-Z.: WP C 08f/175363.

DLP 111914. Herstellung von Polyäthylen. Erf.: *Mario Bruzzone, Georgio della Fortuna, Agostino Balducci.* Inh.: Snam Progetti S.p.A. (IT). A. 13. 6. 74, B. 12. 3. 75. Kl.: 39b4, 3/06, 1/42, Int. Kl.: C 08f 3/06, 1/42. A.-Z.: AP C 08f/179148. Prior.: 15. 6. 73 (IT; A.-Z.: 25394 A/73). Entspr. DTO 2428561 u. FRP 2233341.

DLP 111915. Polymerisation von Äthylen. Erf.: *Mario Bruzzone, Agostino Baradel, Agostino Balducci.* Inh.: Snam Progetti S.p.A. (IT). A. 17. 6. 74, B. 12. 3. 75. Kl.: 39b4, 3/06, 1/42, Int. Kl.: C 08f 3/06, 1/42. A.-Z.: AP C 08f/179217. Prior.: 15. 6. 73 (IT; A.-Z.: 25393 A/73). Entspr. DTO 2428560 u. FRP 2233340.

DTO 2330260. Verfahren zur Herstellung von Polycarboxylaten mit verbesserter biologischer Abbaubarkeit. Erf.: *Heinz Haschke, Gerhard Morlock, Wilfried Felber.* Anm.: Deutsche Gold- und Silber-Scheideanstalt vorm. Roessler, 6000 Frankfurt. A. 14. 6. 73, B. 16. 1. 75. Int. Kl.: C 08 F 16/34. A.-Z.: P 2330260.

DTO 2432374. Verfahren zur kontinuierlichen Herstellung von Acrylnitril-Polymerisaten. Erf.: *Luciano Console, Enzo Chiellini, Benedetto Calcagno.* Anm.: Società Italiana Resine S.I.R. S.p.A., Mailand (IT). A. 5. 7. 74, B. 30. 1. 75. Int. Kl.: C 08 F 20/44. A.-Z.: P 2432374. Prior.: 6. 7. 73 (IT; A.-Z.: 26267 A/73). Entspr. FRP 2235956.

DTO 2432413. Verfahren zur Herstellung von Acrylnitril-Polymerisaten. Erf.: *Luciano Console, Alessandro Zecchin, Antonio Quarta.* Anm.: Società Italiana Resine S.I.R. S.p.A., Mailand (IT). A. 5. 7. 74, B. 23. 1. 75. Int. Kl.: C 08 F 20/44.A.-Z.: P 2432413. Prior.: 6. 7. 73 (IT; A.-Z.: 26266 A/73). Entspr. FRP 2235955.

CHP 561238 (Zus. z. Pat. 473158). Vesfahren zur Polymerisation von Vinylchlorid. Erf.: *Jean Golstein.* Inh.: Solvay & Cie. Soc. An., 33, rue du Prince Albert, Brüssel (BE). A. 17. 1. 72. Int. Kl.: C 08 F 14/06, 2/34. A.-Z.: 642/72. Prior.: 5. 2. 71 (BE; A.-Z.: 99418). Entspr. DLP 97425, DTO 2203026, OEP 313579 u. FRP 2124281.

FRP 2233340 (B). Vesfahren zur Polymerisation von Äthylen. Erf.: *Mario Bruzzone, Agostino Baradel, Agostino Balducci.* Inh.: Snam Progetti S.p.A. A. 10. 6. 74, B. 14. 2. 75. Int. Kl.: C 08 F 110/02, 4/60. A.-Z.: 7419953. Prior.: 15. 6. 73 (IT; A.-Z.: 25393 A/73). Entspr. DLP 111915 u. DTO 2428560.

FRP 2233341 (B). Verfahren zur Herstellung von Polyäthylen. Erf.: *Mario Bruzzone, Giorgio Della Fortuna, Agostino Balducci.* Inh.: Snam Progetti S.p.A. A. 10. 6. 74, B. 14. 2. 75. Int. Kl.; C 08F 110/02, 4/60. A.-Z.: 7419954. Prior.: 15. 6. 73 (IT; A.-Z.: 25394 A/73). Entspr. DLP 111914 u. DTO 2428561.

FRP 2234321 (B). Verfahren zur Polymerisation von Vinylchlorid in Mikrosuspensionen. Erf.: *Nicolas Fischer, Jacques Boissel, Thomas Kemp* u. a. Inh.: Société Rhône-Progil. A. 8. 6. 73, B. 21. 2. 75. Int. Kl.: C 08 F 14/06, 2/18, C 08 J 5/18. A.-Z.: 7320882. Entspr. DTO 2427385.

FRP 2235955 (B). Katalytisches Verfahren zur Herstellung von Acrylnitrilpolymeren und -copolymeren. Inh.: Societa' Italiana Resine S.I.R. S.p.A. A. 5. 7. 74, B. 7. 3. 75. Int. Kl.: C 08 F 20/44, 4/40, D 01 F 8/08. A.-Z.: 7423542. Prior.: 6. 7. 73 (IT; A.-Z.: 26266 A/73). Entspr. DTO 2432413.

FRP 2235956 (B). Kontinuierliches Verfahren zur Herstellung von Polymeren und Copolymeren des Acrylnitrils. Inh.: Societa' Italiana Resine S.I.R. S.p.A. A. 5. 7. 74, B. 7. 3. 75. Int. Kl.: C 08 F 20/44, 4/40, D 01 F 8/08. A.-Z.: 7423543. Prior.: 6. 7. 73 (IT; A.-Z.: 26267 A/73). Entspr. DTO 2432374.

GBP 1385164. Verfahren und Katalysator für die Polymerisation von Olefinen. Inh.: Mitsubishi Chemical Industries Ltd. A. 13. 4. 73, B. 26. 2. 75. Kl.: C3.P, C1.A, Int. Kl.: C 08 F 10/00, 4/62, C 01 G 31/00. A.-Z.: 17939/73. Prior.: 13. 4. 72 (JA; A.-Z.: 37135/72). Entspr. DTO 2318782 u. USP 3859267.

GBP 1388308. Polymerisationskatalysator und -verfahren. Inh.: Chisso Corp. A. 4. 9. 72, B. 26. 3. 75. Kl.: C3.P, Int. Kl.: C 08 F 10/00, 4/64. A.-Z.: 40922/72. Prior.: 4. 9. 71 (JA; A.-Z.: 68253/71, JAP 7334281, S. 12/74). Entspr. DTO 2243459 u. FRP 2151113.

GBP 1390355. Bei tiefer Temperatur beginnendes Verfahren zur Herstellung von Titantrichlorid und dessen Anwendung zur Polymerisation ungesättigter Kohlenwasserstoffe. Inh.: Shell Internationale Research Maatschappij B. V. A. 18. 12. 72, B. 9. 4. 75. Kl.: C3.P, Int. Kl.: C 08 F 10/00, 4/64, C 01 G 23/02. A.-Z.: 59013/71. Entspr. FRP 2164650 u. USP 3857795.

JAP 7406829. Polymerisation von Olefin. Erf.: *Kazuo Yamaguchi, Masayoshi Hasuo, Isao Ito* u. a. Inh.: Mitsubishi Chemical Industries Co. Ltd. A. 11. 12. 70, B. 16. 2. 74. Int. Kl.: C 08f, B 01j. A.-Z.: 70110253. Entspr. DTO 2161421, FRP 2117562, GBP 1367145 u. USP 3767635.

JAP 7472387 (Offenlegung). Acrylnitrilpolymere mit erhöhtem Weißgrad und Wärmebeständigkeit. Erf.: *Hitoshi Tamura.* Inh.: Mitsubishi Rayon Co. Ltd. A. 9. 11. 72. B. 12. 7. 74. Kl.: 26(3) B 171. A.-Z.: 72112410. Entspr. GBP 1385458 u. USP 3843749.

SUP 373986 (Urheberschein). Verfahren zur Herstellung eines Katalysators für die Polymerisation von Äthylen. Erf.: *V. A. Zacharov, E. G. Kušnareva, V. N. Družkov.* Anm.: Institut kataliza Sibirskogo otdelenija AN SSSR. A. 1. 6. 71, B. 5. 2. 75. Int. Kl.: B 01j 11/32. A.-Z.: 1664992/23—4.

SUP 463265. Verfahren zur Herstellung von Polyolefinen. Erf.: *Mitio Koga, Masaki Fudshi, Hiroshi Jui.* Anm.: Mitsubishi Petrochemical Co. Ltd. (JA). A. 27. 12. 71, B. 5. 3. 75. Int. Kl.: C 08f 3/02. A.-Z.: 1731388/23—5. Prior.: 28. 12. 70 (JA; A.-Z.: 119635/70). Entspr. DTO 2164509, FRP 2121010 u. GBP 1373620.

CSP 160232 (Urheberschein). Verfahren zur Herstellung von makroporösen Polymeren auf der Basis von Methacrylat und Acrylat. Erf.: *Ivana Gavrilová, Miloš Kraus.* Inh.: Ustav makromolekulární chemie ČSAV, Prag. A. 22. 12. 70, B. 24. 6. 74. Kl.: 39c, 25/01, Int. Kl.: C 08f 3/64, 3/66. A.-Z.: 8685/70.

USP 3864297. Emulsionspolymerisation von Vinylbromid. Erf.: *Edwin D. Hornbaker, Bryan Sparks.* Inh.: Ethyl Corp., Richmond, Va. A. 20. 10. 72, B. 4. 2. 75. Kl.: 260—29,6 R, Int. Kl.: C 08f 45/24, 3/22. 20 Anspr. A.-Z.: 299250 (s. a. A.-Z.: 147620, A. 27. 5. 71). A.-Z.: 147620 s. a. DTO 2224938 u. GBP 1365998.

USP 3859268. Kontinuierliche Herstellung von polyalkenylaromatischen Polymeren durch Substanzpolymerisation. Erf.: *Joseph Novack, Wallace G. Bir.* Inh.: Monsanto Co., St. Louis, Mo. A. 9. 3. 73, B. 7. 1. 75. Kl.: 260—88,2 Int. Kl.: C 08f 1/04, 1/06, 1/98. 12 Anspr. A.-Z.: 339782. A.-Z.: 339782. Entspr. DTO 2411180.

SUP 464120. Verfahren zur Herstellung von Äthylen-Polyen-Copolymeren. Erf.: *Gianpaolo Giuliani, Sebastiano Cesca, Mario Bruzzone.* Anm.: Snam Progetti S.p.A. (IT). A. 2. 2. 72, B. 15. 3. 75. Int. Kl.: C 08f 27/00. A.-Z.: 1741595/23—5. Prior.: 3. 2. 71 (IT; A.-Z.: 20111 A/71). Entspr. DTO 2205137 u. FRP 2124299.

DTO 2334010. In Wasser unlösliches, aber in Wasser quellfähiges Mischpolymer. Erf.: *Paul Stamberger.* Anm.: Union Optics Corp., Verona, Pa. (US). A. 4. 7. 73, B. 23. 1. 75. Int. Kl.: C 08 F 226/10. A.-Z.: P 2334010.

SUP 463682 (Urheberschein). Verfahren zur Herstellung physiologisch aktiver Copolymere. Erf.: *A. S. Turaev, Š. Chusanov, Š. Nadžimutdinov* u. a. A. 28. 8. 72, B. 15. 3. 75. Int. Kl.: C 08f 19/00. A.-Z.: 1823278/23—5.

JAP 7467991 (Offenlegung). Modifizieren von Äthylencopolymeren. Erf.: *Kenzo Shirayama, Akinobu Shiga, Yoshiki Toyoshima* u. a. Inh.: Sumitomo Chemical Co. Ltd. A. 13. 10. 72, B. 2. 7. 74. Kl.: 26(3) F 117. A.-Z.: 72109717.

USP 3859269. Oxydativer Abbau von Polyvinylalkohol. Erf.: *Hand W. Maurer.* Inh.: Westvaco Corp., New York, N. Y. A. 28. 9. 73, B. 7. 1. 75. Kl.: 260—91,3 VA, Int. Kl.: C 08f 3/34. 3 Anspr. A.-Z.: 401876.

DTO 2334268. Polyvinylchloridmasse mit verbesserter Anfärbbarkeit. Erf.: *Kanji Yoshikawa, Akitoshi Takahira.* Anm. Sumitomo Chemical Co., Ltd., Osaka (JA). A. 5. 7. 73, B. 30. 1. 75. Int. Kl.: C 08 L 27/06. A.-Z.: P 2334268.

FRP 2232622 (B). Fluorierte Fäden, Fasern und Filme mit guter Farbstoffaffinität, Verfahren und Komposition zu deren Herstellung. Erf.: *Paul Couchoud, Edouard Grimaud.* Inh.: Rhône-Poulenc-Textile. A. 6. 6. 73, B. 7. 2. 75. Int. Kl.: D 01 F 6/00. A.-Z.: 7320667. Entspr. DTO 2427393.

GBP 1389911. Mischungen mit Polystyrol-Blockcopolymeren. Inh.: General Tire & Ribber Co. A. 3. 5. 72, B. 9. 4. 75. Kl.: C3.P, Int. Kl.: C 08 L 25/04, 53/02. A.-Z.: 20548/72.

FRP 2232572 (B). Stabilisierungsmittel für Polymere auf Benzophenonbasis sowie damit stabilisierte Polymere. Inh.: Chimosa Chimica Organica S.p.A. A. 4. 6. 74, B. 7. 2. 75. Int. Kl.: C 08 K 5/07, 15/06, C 08 L 23/12. A.-Z.: 7419217. Prior.: 8. 6. 73 (IT; A.-Z.: 50569 A/73). Entspr. DTO 2427486.

GBP 1390100. Verfahren zur Herstellung von innigen Mischungen aus Thermoplasten und Zusatzstoffen. Inh.: Imperial Chemical Industries Ltd. A. 13. 8. 73, B. 9. 4. 75. Kl.: C3.P, Int. Kl.: C 08 J 3/20. A.-Z.: 38894/72.

GBP 1390251. Piperidinderivate für die Stabilisierung von synthetischen Polymeren. Inh.: Sankyo Co. Ltd. A. 31. 1. 72, B. 9. 4. 75. Kl.: C3.P, C3.R, Int. Kl.: C 08 K 5/34, C 08 L 23/02, 25/06, 27/06, 75/04, 77/00. A.-Z.: 4333/72. Prior.: 29. 1. 71 (JA; A.-Z.: 3165/7..). s. a. GBP 1390252. Entspr. DLP 94258, OEP 320992, FRP 2123501 u. USP 3840494.

JAP 7453574 (Offenlegung). Lichtstabilisatoren für Thermoplaste. Erf.: *Nachiko Fukuoka.* Inh.: Shipuro Kasei K. K. A. 29. 9. 72, B. 24. 5. 74. Kl.: 13(9) B 21, 25(1) A 231, 331.1. A.-Z.: 7297218.

USP 3859236. Stabilisierte Vinylhalogenid-Polymerkompositionen. Erf.: *Charles W. Blewett, Philip H. Rhodes.* Inh.: Emery Industries, Inc., Cincinnati. Ohio. A. 19. 4. 73, B. 7. 1. 75. Kl.: 260–23 XA, Int. Kl.: C 08f 19/14, 21/04. 8 Anspr. A.-Z.: 352599.

C 08g. Polykondensations- und Polyadditionsprodukte

JAP 7474298 (Offenlegung). Polyoxymethylene (Polyoxymethylenes). Erf.: *Akira Amemiya, Yoshiharu Ootsuki, Tadashi Okazaki.* Inh.: Mitsubishi Gas Chemical Co. Inc. A. 18. 11. 72, B. 17. 7. 74. Kl.: 26(5) B 1. A.-Z.: 72115205.

USP 3862090. Verfahren zur Herstellung von Oxymethylencopolymeren. Erf.: *Edward Munoz.* Inh.: Celanese Corp., New York, N. Y. A. 28. 8. 73, B. 21. 1. 75. Kl.: 260–67 FP, Int. Kl.: C 08g 1/20. 11 Anspr. A.-Z.: 392363 (s. a. A.-Z.: 157668, A. 28. 6. 71). A.-Z.: 157668 entspr. DTO 2228418, FRP 2143759 u. GBP 1387863.

JAP 7406839. Polyester. Erf.: *Kazutoshi Chimura, Kazio Ito, Shunichi Takashima* u. a. Inh.: Mitsubishi Chemical Industries Co. Ltd. A. 22. 12. 70, B. 16. 2. 74. Int. Kl.: C 08g, D 01f. A.-Z.: 70116022.

JAP 7413237. Kristallines Polyestercopolymer. Erf.: *Hideo Komatsu, Masamitsu Tanimura, Hiroshi Matsukawa.* Inh.: Toray Industries, Inc. A. 14. 12. 70, B. 29. 3. 74. Int. Kl.: C 08g, D 01f. A.-Z.: 70110511.

JAP 7416788. Polyester. Erf.: *Osamu Mikimura, Seiji Yoshida, Teruo Goto.* Inh.: Toyobo Co. Ltd. A. 26. 5. 70, B. 24. 4. 74. Int. Kl.: C 08g. A.-Z.: 7045377.

JAP 7459897 (Offenlegung). Polyester. Erf.: *Takeo Shima, Takayuki Kobayashi, Shizuka Kurisu* u. a. Inh.: Teijin Ltd. A. 12. 10. 72, B. 11. 6. 74 Kl.: 26(5) D 12. A.-Z.: 72101516.

USP 3864314. Flexible Polyesterharze. Erf.: *Robert F. Modler, Stuart A. Harrison.* Inh.: General Mills Chemicals Inc., Minneapolis, Minn. A. 21. 5. 73, B. 4. 2. 75. Kl.: 260–75 R, Int. Kl.: C 08g 17/06, C 09j 3/16. 1 Anspr. A.-Z.: 362642. Entspr. DTO 2424138.

USP 3864315. Polyalkylenäther enthaltende fadenbildende Polyesterkomposition. Erf.: *Koji Ohno, Takaakira Tsuji, Nobusuke Takeuchi.* Inh.: Kuraray Co. Ltd., Okayama Prefecture (JA). A. 23. 3. 71, B. 4. 2. 75. Kl.: 260–75 R, Int. Kl.: C 08g 17/14, 17/18. 7 Anspr. A.-Z.: 127340. Prior.: 23. 3. 70 (JA; A.-Z.: 45–24719, 45–24720). Entspr. DTO 2113859, FRP 2083495 u. GBP 1348848.

GBP 1389384. Anionische Polymerisation von Pyrrolidon. Inh.: Montecatini Edison S.p.A. A. 7. 6. 73, B. 3. 4. 75. Kl.: C3.R, Int. Kl.: C 08 G 69/24. A.-Z.: 27215/73. Prior.: 9. 6. 72 (IT; A.-Z.: 25463). Entspr. DTO 2329383 u. USP 3850890.

JAP 7415639. Denaturierte Polyamide mit niedrigen Schmelzpunkten. Erf.: *Masaaki Miyazaki, Tadao Shibata.* Inh.: Toa Tosei Chemical Industries Co. Ltd. A. 10. 3. 70, B. 16. 4. 74. Int. Kl.: C 08g. A.-Z.: 7019755.

SUP 462841 (Urheberschein). Verfahren zur Herstellung von Polyamidosäuren. Erf.: *V. F. Piljaeva, A. G. Dernova, N. K. Denisova* u. a. A. 5. 3. 68, B. 5. 3. 75. Int. Kl.: C 08g 20/32. A.-Z.: 1223446/23–5.

USP 3859382. Verfahren zur Herstellung von Polyamid-Blockcopolymeren mit vorherbestimmter Geschmeidigkeit bei niedrigen Temperaturen. Erf:. *William L. Hergenrother, Richard J. Ambrose.* Inh.: The Firestone Tire & Rubber Co., Akron, Ohio, N. J. A. 26. 1. 73, B. 7. 1. 75. Kl.: 260–859, Int. Kl.: C 08g 41/04, 22/02. 10 Anspr. A.-Z.: 326710 (s. a. A.-Z.: 219161, A. 19. 1. 72, USP 3838108). A.-Z.: 219161 entspr. DTO 2301943.

USP 3862262. Lactam-Polyol-Acylpolylactam-Terpolymere. Erf.: *Ross Melvin Hendrick.* Inh.: Monsanto Co., St. Louis, Mo. A. 10. 12. 73, B. 21. 1. 75. Kl.: 260–875 PG, Int. Kl.: C 08g 41/04. 21 Anspr. A.-Z.: 423591. Entspr. DTO 2412106 u. FRP 2221478.

USP 3864309. Copolymer von Polyamidoligomeren und Terephthalnitril-N,N-dioxid und Verfahren zur Herstellung. Erf.: *Norman Bilow, Abraham L. Landis, Leroy J. Miller.* Inh.: Hughes Aircraft Co., Culver City, Calif. A. 16. 11. 73, B. 4. 2. 75. Kl.: 260–47 UA, Int. Kl.: C 08g 20/32. 10 Anspr. A.-Z.: 416483.

DTO 2365439. Verfahren zur Herstellung von Polymeren, Copolymeren oder Terpolymeren. Erf.: *Arnaldo Roggero, Alessandro Mazzei, Antonio Proni.* Anm.: Snam Progetti S.p.A., Mailand (IT). A. 12. 3. 73, B. 30. 1. 75. Int. Kl.: C 08 F 4/00, C 08 G 65/00. A.-Z.: P 2365439. Prior.: 11. 3. 72 (IT; A.-Z.: 21728 A/72). Entspr. DLP 104983 u. FRP 2175802.

JAP 7415073. Polymerisation von Alkylenoxid. Erf.: *Shoji Ueno, Tadashi Mitsui, Takeshi Kato* u. a. Inh.: Sumitomo Chemical Co. Ltd. A. 29. 12. 70, B. 12. 4. 74. Int. Kl.: C 08g, B 01j. A.-Z.: 70126287.

JAP 7415480. Allyl- oder Methallyloxypolyalkylenglykol. Erf.: *Isao Ito, Hidetsugu Kitagawa.* Inh.: Toray Industsies Ind. A. 13. 9. 67, B. 15. 4. 74. Int. Kl.: C 08g, f. A.-Z.: 6758340.

GBP 1390233. Komposition und Verfahren zur Flammfestausrüstung von synthetischen Textilien. Inh.: Toyo Boseki K. K. A. 21. 3. 72, B. 9. 4. 75. Kl.: C3.R, D1.P, Int. Kl.: C 08 L 85/02, 61/20, C 08 K 5/16, D 06 M 13/46, 15/64. A.-Z.: 13268/72. Prior.: 22. 3. 71, 21. 12. 71 (JA; A.-Z.: 16614/71, 104421/71). Entspr. USP 3855349.

SUP 462842 (Urheberschein). Verfahren zur Herstellung aromatischer carboranhaltiger Polymere. Erf.: *V. V. Koršak, N. I. Bekasoca, A. A. Izyneev* u. a. Anm.: Burjatskij institut estestvennych nauk Burjatskogo filiala Sibirskogo otdelenija AN SSSR. A. 2. 2. 72, B. 5. 3. 75. Int. Kl.: C 08g 20/32. A.-Z.: 1744990/23–5.

JAP 7476947 (Offenlegung). Polyesterkompositionen. Erf.: *Shizuka Kuris, Hiroo Inata, Shoji Kawaya* u. a. Inh.: Teijin Ltd. A. 25. 11. 72, B. 24. 7. 74. Kl.: 25(1) D 328. A.-Z.: 72117691.

USP 3864428. Aus einem Polyester, einem Polycarbonat und einem Pfropfcopolymer bestehende thermoplastische Harzkomposition. Esf.: *Yositugu Nakamura, Ryoichi Hasegawa, Hiroaki Kubota.* Inh.: Teijin Ltd., Osaka (JA). A. 27. 8. 73, B. 4. 2. 75. Kl.: 260–873, Int. Kl.: C 08g 39/10. 8 Anspr. A.-Z.: 392002. Prior.: 30. 8. 72 (JA; A.-Z.: 47–86283). Entspr. DTO 2343609.

DTO 2331796. Hydrolyseschutzmittel für Estergruppen enthaltende Polyurethan-Kunststoffe. Erf.: *Josef Backes, Roland Gipp, Gerhard Grögler* u. a. Anm.: Bayer AG, 5090 Leverkusen. A. 22. 6. 73, B. 16. 1. 75. Int. Kl.: C 08 G 18/08. A.-Z.: P 2331796. Entspr. FRP 2234338.

SUP 459484 (Urheberschein). Verfahren zur Diffusionsstabilisierung von Polyamiden. Erf.: *A. N. Mačjulis, I. A. Anjunene, V. K. Zabukas* u. a. Anm.: Institut fiziko-techničeskich problem energetiki AN Litovskoj SSR. A. 2. 1. 73. B. 5. 2. 75. Int. Kl.: C 08g 53/20. A.-Z.: 1865901/23–5.

CSP 160220 (Urheberschein). Füllmittel für feste Polyurethanmassen. Erf.: *Jiří Mostecký, Milan Popl, Karel Pecka.* Inh.: Rudné a nesudné doly Ejpovicem n.p. Dýšina. A. 12. 1. 70, B. 24. 6. 74. Kl.: 39c, 6, Int. Kl.: C 08g 22/04, 51/02. A.-Z.: 231/70.

USP 3862084. Herstellung von anorganische Füllstoffe enthaltendem Polyäthylterephthalat. Erf.: *Bertrus H. Zandstra, Jan Bosman.* Inh.: Akzona Inc., Asheville, N. C. A. 9. 7. 71, B. 21. 1. 75. Kl.: 260–40 P, Int. Kl.: C 08g 51/04. 1 Anspr. A.-Z.: 161316. Prior.: 10. 7. 70 (NL; A.-Z.: 7010296).

C 08j. Allgemeine Herstellungs- und Verarbeitungsverfahren

DTO 2334924. Massefärben von Thermoplasten. Erf.: *Günter Gehrke, Herbert Schuster, Michael Kreßner.* Anm.: Bayer AG, 5090 Leverkusen. A. 10. 7. 73, B. 30. 1. 75. Int. Kl.: C 08 J 3/20. A.-Z.: P 2334924.

FRP 2236538 (B). Membranträgerplatten sowie diese enthaltende Fluidtrennapparatur. Inh.: Société des Usines Chimiques Rhône-Poulenc. A. 11. 7. 73, B. 14. 3. 75. Int. Kl.: B 01 D 13/00, 31/00, A 61 M 103. A.-Z.: 7325451.

FRP 2236539 (B). Biologische Membranen sowie deren Herstellungsverfahren. Erf. u. Inh.: *Ladislaus Robert, Elemer Moczar, Alexandre Michel Robert.* A. 13. 7. 73, B. 14. 3. 75. Int. Kl.: B 01 D 13/04, C 08 H 1/00. A.-Z.: 7325701.

JAP 7412899. Ledererersatzstoffe mit guter Feuchtedurchlässigkeit. Erf.: *Yasuyuki Miyake, Toshiaki Iwamoto, Kazuto Tarada.* Inh.: Kuraray Co. Ltd. A. 11. 8. 70, B. 28. 3. 74. Int. Kl.: B 29c, D 06n. A.-Z.: 7070651.

JAP 7459167 (Offenlegung). Poröser Polyurethanledererersatzstoff. Erf.: *Osamu Fukushima, Kimihisa Sunahara, Toshiaki Iwamoto.* Inh.: Kuraray Co. Ltd. A. 7. 10. 72, B. 8. 6. 74. Kl.: 25(5) H 3, 27 E 23. A.-Z.:70100821.

C 08k. Zusatzstoffe für allgemeine Anwendung

DTO 2329782. Gegen UV-Licht stabilisierte Kunststoffe. Erf.: *Walter Lüders, Edgar Fischer.* Anm.: Farbwerke Hoechst AG vorm. Meister Lucius & Brüning, 6000 Frankfurt. A. 12. 6. 73, B. 23. 1. 75. Int. Kl.: C 08 K 5/49. A.-Z.: P 2329782. Entspr. FRP 2233359.

DTO 2334163. Nicht verfärbende Stabilisierungsmittel. Erf.: *Josef Witte, Dieter Theisen, Ernst Roos* u. a. Anm.: Bayer AG, 5090 Leverkusen. A. 5. 7. 73, B. 30. 1. 75. Int. Kl.: C 08 K 5/52, C 08 L 23/20. A.-Z.: P 2334163. Entspr. FRP 2235971.

CHP 561242. Verwendung von Bis-benzoxazolylnaphthalinen als optische Aufhellmittel außerhalb der Textilindustrie. Erf.: *Hans Rudolf Meyer.* Inh.: Ciba-Geigy AG, Basel. A. 10. 8. 71. Int. Kl.: C 08 K 5/41, D 06 L 3/12, C 11 D 3/42. A.-Z.: 11799/71. Entspr. GBP 1382459.

FRP 2235108 (B). Neue Adipinsäureester. Inh.: Société des Usines Chimiques Rhône-Poulenc. A. 27. 6. 73, B. 28. 2. 75. Int. Kl.: C 07 C 69/44, B 01 F 17/36, C 08 K 3/18. A -Z.: 7323482. Entspr. DTO 2430862.

GBP 1389996. Styrylverbindungen. Inh.: Nippon Kayaku K. K. A. 14. 5. 73, B. 9. 4. 75. Kl.: C2.C, C3.P, C3.R, C5.E, Int. Kl.: C 07 C 25/00, 143/24, 143/78, 15/12, 1/26, C 08 K 5/01, 5/42, 5/44. A.-Z.: 22889/73. Prior.: 19. 5. 72 (JA; A.-Z.: 49120/72).

GBP 1390252 [ausgesch. aus Pat. 1390251). Verfahren zur Herstellung von Piperidinderivaten. Inh.: Sankyo Co. Ltd. A. 31. 1. 72, B. 9. 4. 75. Kl.: C2.C, C2.B, C2.P, C3.S, Int. Kl.: C 07 D 211/46, 401/12, 401/14, 211/40, 211/46, C 07 F 5/04, 7/04, 9/09, 9/141. A.-Z.: 27221/74. Prior.: 29. 1. 71 (JA; A.-Z.: 3165/71). s. a. GBP 1390251. Entspr. DLP 94258, OEP 320992 u. USP 3840494.

Sektion D. Textilien und Papier

TEXTILIEN

D 01. Natürliche und künstliche Fäden und Fasern; Spinnen

D 01d. Mechanische Verfahren und Vorrichtungen für die Herstellung von künstlichen Fäden, Gespinsten, Fasern, Borsten oder Bändern

DTO 2331764. Spinnstelle für das Schmelzspinnen von Hochpolymeren. Erf.: *Walter Schad, Walter Blomeyer.* Anm.: Zimmer AG, 6000 Frankfurt. A. 22. 6. 73, B. 23. 1. 75. Int. Kl.: D 01 D 3/00. A.-Z.: P 2331764. Entspr. FRP 2234391.

FRP 2232619 (B). Verfahren zur Faserbildung aus Thermoplastmaterial durch Verblasen mit heißen Gasen. Inh.: Charbonnages de France. A. 8. 6. 73, B. 7. 2. 75. Int. Kl.: D 01 D 5/00. A.-Z.: 7320942. Entspr. DTO 2427585.

CSP 160281 (Urheberschein). Verfahren zum Naßspinnen von Polymeren aus Lösungen und Einrichtung zu ihrer Durchführung. Erf.: *Vladimir Stoy, Artur Stoy, Josef Kučera* u. a. Inh.: Ústav makromolekulární chemie ČSAV, Praha. A. 22. 12. 71, B. 24. 6. 74. Kl.: 29b, 3/60, Int. Kl.: D 01f 1/00. A.-Z.: 8911/71. Entspr. DLP 101923, DTO 2261996, CHP 548459, FRP 2104774 u. USP 3842151.

USP 3858386. Herstellung von Polyestergarn. Erf.: *Richard H. Stofan.* Inh.: Fiber Industries Inc., Charlotte, N. C. A. 6. 7. 71, B. 7. 1. 75. Kl.: 57–140 R, Int. Kl.: D 02g 3/22. 4 Anspr. A.-Z.: 160019. Entspr. GBP 1382499.

DTO 2333992. Fördervorrichtung zur Förderung von Faserkabeln. Erf.: *Karl Bauer, Erich Lenk, Herbert Turk.* Anm.: Barmag Barmer Maschinenfabrik AG, 5600 Wuppertal. A. 4. 7. 73, B. 30. 1. 75. Int. Kl.: D 01 D 11/04. A.-Z.: P 2333992. Entspr. FRP 2235865 u. FRP 2235866.

D 01f. Chemische Gesichtspunkte bei der Herstellung von künstlichen Fäden, Gespinsten, Fasern, Borsten oder Bändern

DTO 2331395. Glanzstabilisierte Fäden und Filme aus Acrylnitril-Copolymerisaten. Erf.: *Siegfried Korte, Günter Blankenstein, Carlhans Süling.* Anm.: Bayer AG, 5090 Leverkusen. A. 20. 6. 73, B. 23. 1. 75. Int. Kl.: D 01 F 6/18, 6/10. A.-Z.: 2331395.

JAP 7458147 (Offenlegung). Lichtbeständige Fäden aus aromatischem Polyamid. Erf.: *Kazuya Chimura, Mzuo Hsindo, Yutaka Maeda* u. a. Inh.: Mitsubishi Rayon Co. Ltd. A. 5. 10. 72, B. 5. 6. 74. Kl.: 25(1) D 41, 25(1) A 231, 42 D 11. A.-Z.: 72100187.

USP 3859380. Antistatische Polyamidfaser. Erf.: *Lamberto Crescentini, Rodney Lee Wells.* Inh.: Allied Chemical Corp., Morristown, N. J. A. 15. 2. 74, B. 7. 1. 75. Kl.: 260–857 PG, Int. Kl.: C 08g 41/04. 10 Anspr. A.-Z.: 443048 (s. a. A.-Z.: 273246, A. 19. 7. 72, entspr. DTO 2336315).

DLP 111939. Kontinuierliches Verfahren zur Herstellung einer Spinnlösung von Acrylpolymerisaten. Erf.: *Paolo Melacini, Luigi Patron, Giorgio Doria* u. a. Inh.: Montefibro S.p.A. (IT). A. 12. 6. 74, B. 12. 3. 75. Kl.: 29b, 3/65, Int. Kl.: D 01f 7/02. A.-Z.: AP D 01f/179112. Prior.: 14. 6. 73 (IT; A.-Z.: 50787 A/73). Entspr. DTO 2428093 u. FRP 2233421.

DTO 2428093. Kontinuierliches Verfahren zur Herstellung einer Spinnlösung von Acrylpolymerisaten. Erf.: *Paolo Melacini, Luigi Patron, Giorgio Doria* u. a. Anm.: Montefibre S.p.A., Mailand (IT). A. 11. 6. 74, B. 16. 1. 75. Int. Kl.: D 01 F 6/18. A.-Z.: P 2428093. Prior.: 14. 6. 73 (IT; A.-Z.: 50787 A/73). Entspr. DLP 111939 u. FRP 2233421.

FRP 2233421 (B). Verfahren zur kontinuierlichen Herstellung einer Lösung von Acrylpolymeren zum Spinnen. Erf.: *Paolo Melacini, Luigi Patron, Giorgio Doria* u. a. Inh.: Montefibre S.p.A. A. 11. 6. 74, B. 14. 2. 75. Int. Kl.: D 01 D 1/02, D 01 F 6/00, A.-Z.: 7420094. Prior.: 14. 6. 73 (IT; A.-Z.: 50787 A/73). Entspr. DLP 111939 u. DTO 2428093.

FRP 2234394 (B). Endlosfäden aus Polyester vom Naphthalat-Typ und Verfahren zu ihrer Herstellung. Inh.: Teijin Ltd. A. 19. 6. 74, B. 21. 2. 75. Int. Kl.: D 01 F 6/62, C 08 G 63/16, D 01 D 5/00. A.-Z.: 7421318. Prior.: 19. 6. 73, 27. 6. 73 (JA; A.-Z.: 68241/73, 71641/73). Entspr. DTO 2429043.

D 02. Garne; Mechanische Veredlung von Garnen oder Seilen; Schären oder Bäumen

D 02g. Kräuseln oder Krimpfen (Texturieren) von Fasern, Fäden, Zwirnen oder Garnen; Garne oder Zwirne

DTO 2331045. Vorrichtung zum Texturieren von Fäden. Erf.: *Hans Schmid, Heinrich Feldhoff.* Anm.: BASF AG, 6700 Ludwigshafen. A. 19. 6. 73, B. 23. 1. 75. Int. Kl.: D 02 G 1/16. A.-Z.: P 2331045. Entspr. FRP 2234399.

DTO 2331849. Falschdrahtvorrichtung für Textilfäden. Erf.: *Franz Brichta.* Anm.: SKF Kugellagerfabriken GmbH, 8720 Schweinfurt. A. 22. 6. 73, B. 23. 1. 75. Int. Kl.: D 02 G 1/06. A.-Z.: P 2331849.

DTO 2335946. Verfahren zur Herstellung von Kräuselfäden. Erf.: *Heinz Schippers.* Anm.: Barmag Barmer Maschinenfabrik AG, 5600 Wuppertal. A. 14. 7. 73, B. 30. 1. 75. Int. Kl.: D 02 G 1/02. A.-Z.: P 2335946.

FRP 2236975 (B). Vorrichtung zum kontinuierlichen Schrumpfen synthetischer Gespinste. Erf.: *Giampaolo Collaussig.* Inh.: Officine Savio S.p.A. A. 11. 7. 73, B. 14. 3. 75. Int. Kl.: D 02 G 1/16. A.-Z.: 7325463. Prior.: 14. 7. 72 (IT; A.-Z.: 83378 A/72).

USP 3858387. Polyamidgarn für die Falschdrahttexturierung, Verfahren zum Falschdrahttexturieren und das entstehende Produkt. Erf.: *Janardhana B. Baliga, Robert L. Dainton.* Inh.: E. I. du Pont de Nemours and Co., Wilmington, Del. A. 2. 7. 73. B. 7. 1. 75. Kl.: 57—140 R, Int. Kl.: D 02g 1/02, 3/02, 3/24. 5 Anspr. A.-Z.: 375941. Entspr. FRP 2236032.

D 02j. Veredeln oder Ausrüsten von Fäden, Garnen, Zwirnen, Schnüren, Seilen od. dgl.

CSP 160385 (Urheberschein). Verfahren zur Herstellung von synthetischen Stapelfasern vom Baumwolltyp mit verbesserter textiler Verarbeitbarkeit. Erf.: *Jozef Prokopec, Emil Pelinka, Zoltán Beck.* Inh.: Výskumný ustav chemických vlákon, Svit. A. 25. 10. 72, B. 24. 6. 74. Kl.: 29a, 6/20, Int. Kl.: D 02j 1/12. A.-Z.: 7150/72.

JAP 7406769. Polyamid-4-Faden. Erf.: *Masanari Kurata, Sadao Ohhashi, Michiyuki Kawano.* Inh.: Mitsubishi Chemical Industries Co. Ltd. A. 28. 12. 70, B. 16. 2. 74. Int. Kl.: D 01f. A.-Z.: 70127187.

CSP 160439 (Urheberschein). Verfahren zur konduktiv-konvektiven Erwärmung eines bewegenden Chemiefadens und Einrichtung zur Durchführung dieses Verfahrens. Erf.: *Luboš Hess, Jan Zelinka, Jiří Fantl.* Inh.: Výzkumný ustav textilniho strojírenstvi, Liberec. A. 9. 2. 73, B. 24. 6. 74. Kl.: 29a, 6/20, Int. Kl.: D 02j 13/00. A.-Z.: 957/73. Entspr. DTO 2405816 u. FRP 2217448.

PAPIER

D 21. Papierherstellung; Gewinnung von Cellulose bzw. Zellstoff

D 21h. Karton, Papier; dessen Herstellung, soweit nicht durch D 21f erfaßt

JAP 7405910. Polyolefinpapier. Erf.: *Kazuo Hiraki, Shigehiro Wakamatsu, Keishi Nagamatsu.* Inh.: Mitsubishi Plastics Industries Ltd. A. 9. 4. 69, B. 9. 2. 74. Int. Kl.: B 44d. A.-Z.: 6926860.

JAP 7414338. Polyolefinpapierersatzstoff. Erf.: *Sadao Yamamoto, Seiichiro Honda, Kanji Koguma* u. a. Inh.: Sekisui Chemical Co. Ltd. A. 19. 6. 70, B. 6. 4. 74. Int. Kl.: B 44d. A.-Z.: 7053617.

Sektion G. Physik

G 01. Messen; Prüfen

G 01b. Messen der Länge, der Dicke oder von ähnlichen linearen Dimensionen; Messen von Winkeln; Messen von Flächen; Messen von Unregelmäßigkeiten von Flächen oder Umrissen

DTO 2432938. Verfahren und Vorrichtung zur Längenmessung eines Fadens. Erf.: *Luciano Franzolini, Guido Tarabuso, Claudio Ostrogovich.* Anm.: Nouva San Giorgio S.p.A., Genua-Sestri (IT). A. 9. 7. 74, B. 30. 1. 75. Int. Kl.: B 65 H 61/00. A.-Z.: P 2431938. &rior.: 10. 7. 73, 19. 10. 73. (IT; A.-Z.: 26437 A/73, 30323 A/73).

G 01n. Untersuchen der chemischen oder physikalischen Eigenschaften von Stoffen

SUP 463033 (Urheberschein). Verfahren zur Bestimmung mechanischer Kennwerte von Polymermaterial. Erf.: *N. S. Baranov, A. I. El'kin.* A. 6. 12. 71, B. 5. 3. 75. Int. Kl.: G 01n 3/18, 21/00. A.-Z.: 1723816/23—5.

SUP 463039 (Urheberschein). Verfahren zur Bestimmung der Quellung von Polymeren. Erf.: *A. A. Dozorov, N. D. Zacharov, M. A. Poljak* u. a. Anm.: Jaroslavskij politechničeskij institut. A. 17. 10. B. 5. 3. 75. Int. Kl.: G 01n 9/02. A.-Z.: 1966104/26—25.

DTO 2331848. Verfahren und Einrichtung zum Prüfen der Eigenschaften von Fäden. Erf.: *Gerhard Egbers, Peter Ehrler, Adolf Seidel.* Anm.: Institute für Textil- und Faserforschung Stuttgart, 7410 Reutlingen. A. 22. 6. 73, B. 23. 1. 75. Int. Kl.: G 01 N 33/36. A.-Z.: P 2331848.

Literaturschau

Auszug aus Lieferung 13/1975 der Literaturschau „Faserstoffe und Textiltechnik“, zusammengestellt von der Abteilung Information und Dokumentation des Instituts für Polymerenchemie der AdW der DDR, 153 Teltow-Seehof, Kantstr. 55

I. Polymerwissenschaft

Analyse- und Untersuchungsmethoden

Borchard, W.: Über das Quellungsverhalten von Polystyrol verschiedener Netzwerkdichte in Cyclohexan. Progr. Colloid Polymer Sci./Fortschrittsber. Kolloide u. Polymere **57** (1975) S. 39—47.

Merkulov, V. D., Gordyseva, T. V., Molodcova, V. I.: Spektrophotometrisches Verfahren zur Bestimmung des Schwefelkohlenstoffs in Xanthogenierungsprodukten. Zavodsk. Labor. (Betriebslabor) **41** (1975) 4, S. 409.

Visconti, S., Marchessault, R. H.: Einfluß der Krümmung auf die Lichtstreuungskurve von anisotropen Stäbchen. J. Polymer Sci.: Polymer Letters Ed. **13** (1975) 4, S. 203—206.

Cluley, H. J.: Oberflächenanalyse. Proc. Analyt. Div. Chem. Soc. **12** (1975) 6, S. 172—176.

Kawai, H.: Dynamische Röntgenbeugungstechnik zur Messung rheooptischer Eigenschaften von kristallinen Polymermaterialien. Rheologica Acta, Darmstadt **14** (1975) 1, S. 27—47 (engl.)

Chambers, J. S., Smitham, J. B., Napper, D. H.: Theoretische Untersuchung der Einflüsse grenzflächenaktiver Stoffe auf Keimpolymerisationen. J. Polymer Sci.: Polymer Symposia (1775) 49. S. 169—174.

Barham, P., Keller, A.: Ein Kriterium für die Unterscheidung zwischen Polymerfaserstoffen von grundlegend unterschiedlichem Ursprung. J. Polymer Sci.: Polymer Letters Ed. **13** (1975) 4, S. 197—202.

Dawkins, J. V., Taylor, G.: Gelpermeationschromatographie von Polystyrol mit porösem Aluminium. J. Polymer Sci.: Polymer Letters Ed. **13** (1975) 1, S. 29—33.

Berezkin, V. G., Gromova, G. L., Golicyna, T. L.: Methode zur Bestimmung des Verzweigungsgrades von Polyäthylenimin. Vysokomol. Soed. (Hochmol. Verbind.), Serija A **17** (1975) 5, S. 1177—1179.

Chvostikova, A. A., Reznikov, S. A., Sidorov, R. I. u. a.: Bestimmung des Gehaltes an Dimethylterephthalat und Begleitstoffen in der Luft von Produktionsbetrieben mit Hilfe der Gas-Flüssig-Chromatographie. Ž. analit. Chimii (Z. analyt. Chemie) **30** (1975) 5, S. 1001—1004.

Ausgangsstoffe, Monomere und Oligomere

Kisarov, V. M., Subbotin, A. I.: Rückgewinnung von organischen Produkten und Monomeren bei der Plastproduktion. Plast. Massy (Plast. Massen) (1975) 5, S. 27—29.

Kjazimova, G. P., Mechtiev, S. I., Mamedov, R. G.: Kovats-Retentionsindex von Nitrilen der Acrylreihe. Ž. analit. Chimii (Z. analyt. Chemie) **30** (1975) 5, S. 1030—1031.

Polymersynthesen

Mitzutani, Y., Kusumoto, K.: Polymere Ultraviolettabsorber. J. appl. Polymer Sci. **19** (1975) 3, S. 713—717.

Perplies, E., Ringsdorf, H., Wendorff, J. H.: Polyreaktionen in orientierten Systemen. VIII. Polymerisation eines flüssigkristallinen Monomers unter dem Einfluß eines hochmagnetischen Feldes. J. Polymer Sci.: Polymer Letters Ed. **13** (1975) 4, S. 243—246.

Voronenkov, V. V.: Einfluß der „gespannten“ Doppelbindung auf das Verhalten von Kohlenwasserstoffen bei Reaktionen mit Sauerstoff. Usp. Chimii (Fortschr. d. Chemie) **44** (1975) 4, S. 673—678.

Kronman, A. G., Fedoseev, B. I., Čekušina, M. A. u. a.: Vergleich der Synthese und Verarbeitungsbedingungen von Polyvinylchlorid und Vinylchlorid-Vinylacetat-Copolymer. Plast. Massy (Plast. Massen) (1975) 3, S. 39—41.

Zil'berman, E. N., Perepletčikova, E. M., Getmanenko, E. N. u. a.: Einfluß der Polymerisationsbedingungen auf die Bildung von Defekten in der Struktur von Polyvinylchlorid. Plast. Massy, Moskva (Plast. Massen) (1975) 3, S. 9—10.

Imoto, M., Ouchi, T., Nakamura, Y. u. a.: Vinylpolymerisation. 319. Mit Natriumpolymethallylsulfonat initiierte Polymerisation von Methylmethacrylat. J. Polymer Sci.: Polymer Letters Ed. **13** (1975) 3, S. 131 bis 134.

Lačinov, M. B., Aslamazova, T. R., Zubov, V. P. u. a.: Untersuchung der Reaktionsfähigkeit komplexgebundener Polymethylmethacrylatradikale bei der Kettenübertragungsreaktion auf CBr_4. Vysokomol. Soed. (Hochmol. Verbind.), Serija A **17** (1975) 5, S. 1146—1149.

Ghosh, P., Banerjee, A. N., Mitra, P. S., u. a.: Kettenübertragung in Gegenwart von Halogenen bei der Polymerisation von Methylmethacrylat. J. Polymer Sci.: Polymer Letters Ed. **13** (1975) 1, S. 35—38.

Klippert, H., Ringsdorf, H.: Einflüsse der Initiatorsubstituenten bei der mit salzhaltigen Yliden initiierten Polyinsertionsreaktion auf die Struktur der Polymeren. Progr. Colloid Polymer Sci./Fortschrittsber. Kolloide u. Polymere **57** (1975) S. 80—84.

Ghosh, P., Mitra, P. S.: Photopolymerisation von Methylmethacrylat mit Hilfe eines Chinolin-Brom-Ladungsübertragungskomplexes als Photoinitiator. J. Polymer Sci.: Polymer Chem. Ed. **13** (1975) 4, S. 921—930.

Hardy, Gy., Cser, F., Nyitray, K.: Untersuchungen auf dem Gebiet der Festkörperpolymerisation. XXXII. Topotaktische Festkörperpolymerisation von Vinylencarbonat. Acta chim. Acad. Sci. Hung. **80** (1974) 1, S. 41—48 (engl.)

Zumer, A. Z., Prochorova, V. A., Nosaev, G. A. u. a.: Mehrmalige Anwendung einer wäßrigen Lösung von partiell acetyliertem Polyvinylalkohol (Solvar) bei der Suspensionspolymerisation von Styrol. Plast. Massy (Plast. Massen) (1975) 5, S. 50—51.

Džabiev, T. S., D'jačkovskij, F. S., Cernaja, L. I.: Photopolymerisation von Sytrol in Gegenwart von Titanverbindungen. Izv. Akad. Nauk SSSR, Serija chim. (Nachr. Akad. Wiss. UdSSR, Chemie) (1975) 5, S. 1091—1095.

Taherzadeh, M., Hodgins, J. W.: Temperatureinflüsse auf die durch γ-Strahlen initiierte Polymerisation von Styrol. III. Umwandlung im Bereich von 150 bis 200 °C J. Polymer Sci.: Polymer Chem. Ed. **13** (1975) 2, S. 425 bis 435.

Lineare Polymere mit Heterokette

Vancsó-Szmercsányi, I., Hirschberg, P.: Herstellung und Untersuchung von metallhaltigen Polymeren mit koordinativen Bindungen. I. Reaktion von Polyestern mit ZnO. Acta chim. Acad. Sci. Hung. **83** (1974) 1, S. 79—89.

Frunze, T. M., Šlejfman, R. B., Sjagaeva, S. I. u. a.: Anwendung von Farbstoffen als künstliche Kristallisationskeime bei der anionisch aktivierten Polymerisation von Caprolactam. Plast. Massy, Moskva (Plast. Massen) (1975) 3, S. 13–15.

Mateva, R., Pavlova, M., Kabaivanov, V.: Besonderheiten bei der Copolymerisation von Trioxan und Epichlorhydrin unter dem Einfluß von $AtBF_3AlAt_2$. J. Polymer Sci.: Polymer Chem. Ed. **13** (1975) 4, S. 825 bis 836.

Cyclische Polymere

Emel'janova, L. N., Lur'e, E. G., Gomoreva, Z. I. u. a.: Untersuchung der inneren Spannungen in Folie während der Umwandlung von Polyamidosäure zu Polypyromellithimid. Plast. Massy, Moskva (Plast. Massen) (1975) 3, S. 45–47.

Kwiatkowski, G. T., Robeson, L. M., Brode, G. L. u. a.: Hitzehärtbare Maleimide auf Diphenylsulfongrundlage. J. Polymer Sci.: Polymer Chem. Ed. **13** (1975) 4, S. 961–972.

Černova, A. G., Bublik, L. S., Okuneva, L. P. u. a.: Bildung von Poly-(4,4'diphenyloxid)-pyromellithimid durch thermische Cyclisierung in Lösung. Plast. Massy, Moskva (Plast. Massen) (1975) 3, S. 11–13.

Yamazaki, N., Iguchi, T., Higashi, F.: Untersuchungen von Reaktionen der N-Phosphoniumsalze von Pyridinen. XIII. Direkte Polykondensationsreaktion von Kohlendioxid oder -disulfid mit Diaminen unter milden Bedingungen. J. Polymer Sci.: Polymer Chem. Ed. **13** (1975) 4, S. 785 bis 795.

Karjakin, N. V., Rabinovič, I. B., Kamelova, G. P. u. a.: Thermodynamik der Synthese von Poly-2,2'-(m-phenylen)-5,5'-dibenzoxazolmethan. Vysokomol. Soed. (Hochmol. Verbind.), Serija A **17** (1975) 5, S. 983–988.

Polymermischungen und -kompositionen

Battaerd, H. A. J.: Die Bedeutung von unverträglichen Polymersystemen. J. Polymer Sci.: Polymer Symposia (1975) 49, S. 149–157.

Petrenko, P. I., Balaschov, M. M., Slatina, S. A.: Untersuchung der kontinuierlichen Kopolymerisation von Vinylchlorid mit Akrylnitril. Plaste u. Kautschuk **22** (1975) 4, S. 316–320.

Chemische Umsetzungen an Polymeren

Went, P. M., Evans, R., Napper, D. H.: Chemische Reaktivität von an eine Grenzfläche gebundenen Makromolekülen. J. Polymer Sci.: Polymer Symposia (1975) 49, S. 159–167.

Polymeranaloge Reaktionen

Griva, A. P., Achunov, I. R., Denicov, E. T.: Violene als Zwischenprodukte bei der Umwandlung von Diarylaminen während der Oxydation von Polymeren. Izv. Akad. Nauk SSSR, Serija chim. (Nachr. Akad. Wiss. UdSSR, Chemie) (1975) 5, S. 1190–1195.

Litmanovič, A. D., Platé, N. A., Agasandjan, V. A. u. a.: Hydrolysekinetik von Polymethacrylsäureestern. Vysokomol. Soed. (Hochmol. Verbind.), Serija A **17** (1975) 5, S. 1113–1122.

Pfropfung

Šunkevič, A. A., Kurilenko, A. I.: Einfluß des gepfropften Polyacrylnitrils auf die Warmfestigkeit von Polymethylmethacrylatfolien. Vysokomol. Soed. (Hochmol. Verbind.), Serija A **17** (1975) 5, S. 955–958.

Kurilenko, A. I., Kalinin, V. N.: Modifizierung von Polyäthylen durch Pfropfung anisodiametrischer Strukturen. Vysokomol. Soed. (Hochmol. Verbind.), Serija A **17** (1975) 5, S. 1005–1008.

Abbaureaktionen

Šlajpintoch, V. Ja., Ivanov, V. B.: Polymermaterialien mit steuerbarer Abbaugeschwindigkeit. Plast. Massy (Plast. Massen) (1975) 5, S. 15–20.

Kirpitschnikow, P. A., Pobedimski, D. G.: Kinetische Aspekte bei der Stabilisierung von Polymeren mit Hilfe von Phosphiten. Plaste u. Kautschuk **22** (1975) 5, S. 400–403.

Zajcev, N. B., Poddubnyj, I. Ja.: Untersuchung des thermischen Abbaues von Polystyrol mit Hilfe der Pyrolysegaschromatographie. Vysokomol. Soed. (Hochmol. Verbind.), Serija A **17** (1975) 5, S. 1130–1135.

Derevjanko, V. V., Vašakidze, A. G., Mal'cev, V. V. u. a.: Einfluß von Antistatika auf den thermooxydativen Abbau von Polyvinylchlorid. Plast. Massy, Moskva (Plast. Massen) (1975) 3, S. 58–59.

Koršak, V. V., Rusanov, A. L., Pavlova, S. A. u. a.: Vergleichende Untersuchung der thermischen Beständigkeit von Arolyenbenzimidazolen. Dokl. Akad. Nauk SSSR (Ber. Akad. Wiss. UdSSR) **221** (1975) 6, S. 1334 bis 1336.

Melkumov, A. N., Prutkin, V. P., Bronovickij, V. E. u. a.: Einfluß der Vorspannung auf die Alterung von Polyäthylen im Freien. Mech. Polimerov, Riga (Mech. Polymere) (1975) 2, S. 353–356.

Kniżnik, E. I., Nečiporuk, D. Ja., Lavrentovič, Ja. I.: Einwirkung von α-Neutronenstrahlung auf Polymere. Plast. Massy, Moskva (Plast. Massen) (1975) 3, S. 21–23.

Boboev, T. B., Samojlov, G. G., Tabarov, S.: Lebensdauer von Polymeren mit unterschiedlicher Ausgangsstruktur bei UV-Bestrahlung. Mech. Polimerov, Riga (Mech. Polymere) (1975) 2, S. 348–353.

Zweig, A., Henderson, W. A., jr.: Singulettsauerstoff und Polymerphotooxydation. II. Photochemischer Abbau eines olefinisch ungesättigten Polymers. J. Polymer Sci.: Polymer Chem. Ed. **13** (1975) 4, S. 993–1014.

Physik und physikalische Chemie von Polymeren

Perepečko, I. I., Starcev, O. V., Golub', P. D.: Molekularbewegung in Polyvinylfluorid und Polyvinylidenfluorid. Vysokomol. Soed. (Hochmol. Verbind.), Serija A **17** (1975) 5, S. 1014–1020.

Rehage, G.: Strukturen in Lösungen und Gelen. Progr. Colloid Polymer Sci./Fortschrittsber. Kolloide u. Polymere **57** (1975) S. 7–38.

Riess, G.: Strukturen von heterogenen Polymersystemen. Eigenschaften von Block- und Pfropfcopolymeren. Progr. Colloid Polymer Sci./Fortschrittsber. Kolloide u. Polymere **57** (1975) S. 262–271 (franz.)

Simha, R.: Statistische Thermodynamik des flüssigen Zustands, des Flüssig-Glas-Übergangs und des glasartigen Zustands von Polymeren. Rheologica Acta, Darmstadt **14** (1975) 1, S. 12–18 (engl.)

Polymere Festkörper

Kröner, E.: Statistische Näherung zur Rheologie kristalliner Materialien. Rheologica Acta, Darmstadt **14** (1975) 1, S. 5–11 (engl.)

Barnes, H. A., Eastwood, A. R., Yates, B.: Vergleich der Rheologie von zwei polymeren und zwei micellaren Systemen. Teil I. Charakterisierung und Modellanpassung. Teil II. Zweite Normalspannungsdifferenz. Rheologica Acta, Darmstadt **14** (1975) 1, S. 53–60, 61–70 (engl.)

Afanas'ev, V. V., Filatova, N. S., El'bert, A. A. u. a.: Diffusion von Gemischen aus Methyläthylketon und Kohlenwasserstoffen durch Polyäthylenmembranen. Ž. fizič. Chimii (Z. physik. Chemie) **49** (1975) 5, S. 1312–1314.

Wissbrun, K. F., Hannon, M. J.: Wechselwirkung anorganischer Salze mit polaren Polymeren. II. Infrarotuntersuchungen von Polymer/anorganischen Nitrat-Systemen. J. Polymer Sci.: Polymer Physics Ed. **13** (1975) 2, S. 223–241.

Wangermann, K., Zachmann, H. G.: Bestimmung des beweglichen Anteils von Polyamiden mit Hilfe der magnetischen Kernresonanz. Progr. Colloid Polymer Sci./Fortschrittsber. Kolloide u. Polymere **57** (1975) S. 236–248.

Bobyleva, A. V., Berljant, S. M., Klinšpont, E. R.: ESR-spektroskopische Untersuchung von γ-bestrahltem Polyvinylfluorid und Polytrifluoräthylen. Vysokomol. Soed. (Hochmol. Verbind.), Serija A **17** (1975) 5, S. 989–992.

Lebedev, G. A.: Struktur von Mikrokristallen des Polypyromellithimids. Vysokomol. Soed. (Hochmol. Verbind.), Serija A **17** (1975) 5, S. 1164 bis 1168.

Fischer, E. W.: Strukturen partiell kristalliner Polymer-Systeme. Progr. Colloid Polymer Sci./Fortschrittsber. Kolloide u. Polymere **57** (1975) S. 149–163.

Adelman, R. L., Ferguson, R. C.: Strukturelle Unregelmäßigkeiten in Polyvinylakohol. J. Polymer Sci.: Polymer Chem. Ed. **13** (1975) 4, S. 891 bis 911.

Negulescu, I., Vogl, O.: Phasenübergänge in kristallinen höheren aliphatischen Polyaldehyden. J. Polymer Sci.: Polymer Letters Ed. **13** (1975) 1, S. 17–22.

Hasa, J., Ilavský, M.: Deformations-, Quellungs- und potentiometrisches Verhalten von ionisierten Polymethacrylsäuregelen. II. Experimentelle Ergebnisse. J. Polymer Sci.: Polymer Physics Ed. **13** (1975) 2, S. 263 bis 274.

Regel, V. R.: Gegenwärtiger Stand der Festkörperfestigkeitsphysik. Rheologica Acta, Darmstadt **14** (1975) 1, S. 19–26 (engl.)

Leonov, A. P., Stepanov, R. D., Šlenskij, O. F. u. a.: Einfluß flüssiger Medien auf das Kriechverhalten einiger Polymere bei Dehnung. Plast. Massy, Moskva (Plast. Massen) (1975) 3, S. 61–62.

Ševčenko, A. A., Kuz'min, A. E.: Kriechvermögen und Zerstörung von Polypropylen bei Niederfrequenzbelastungen. Mech. Polimerov, Riga (Mech. Polymere) (1975) 2, S. 356–358.

Kitoh, Makoto, Suzuki, Katuhito: Einfluß der Vernetzungsdichte auf das viskoelastische Verhalten von ungesättigten Polyesterharzen. Coll. Papers High Polymers, Tokyo **32** (1975) 3, S. 147–152 (jap; engl. Zusammenfass.)

Torikai, A., Asai, T., Suzuki, T. u. a.: Thermisch und photoinduzierte Phänomene in γ-bestrahltem Polymethylmethacrylat. J. Polymer Sci.: Polymer Chem. Ed. **13** (1975) 4, S. 797–805.

Busfield, W. K., O'Donnell, J. H.: Einflüsse der Gammastrahlung auf Copolymere von Styrol und Methylmethacrylat im festen Zustand. J. Polymer Sci.: Polymer Symposia (1975) 49, S. 227–237.

Tichomirov, V. S., Dodin, M. G., Kruglyj, M. S. u. a.: Einfluß ionisierender Strahlung auf die physikalischen und mechanischen Eigenschaften von Polyäthylenfolien. Plast. Massy, Moskva (Plast. Massen) (1975) 3, S. 18 bis 20.

Peredereeva, S. I., Orlov, I. G., Čerkašin, M. I.: Polymere Ladungsübertragungskomplexe. Usp. Chimii (Fortschr. Chemie) **44** (1975) 4, S. 602 bis 621.

Lomonosova, N. V.: Analyse der isometrischen Erwärmungsdiagramme von hochmolekularem Polystyrol. Plast. Massy, Moskva (Plast. Massen) (1975) 3, S. 75–76.

Ziabicki, A., Klonowski, W.: Topologie, Thermodynamik und physikalische Eigenschaften von Polymernetzwerken. I. Entropie der Netzwerkbildung. II. Thermodynamisch wahrscheinlichste Strukturen und entsprechendes physikalisches Verhalten. Rheologica Acta, Darmstadt **14** (1975) 2, S. 105–112, 113–126 (engl.).

Drejmanis, A. P.: Energetische Charakteristiken der mechanischen Verzwilligung im Modell eines defekten Polymerkristalls. Mech. Polimerov, Riga (Mech. Polymere) (1975) 2, S. 228–233.

Kryszewski, M., Wojciechowski, P., Sapiela, S. u. a.: Lichtinduzierter Zerfall der Oberflächenladung in polymeren Ladungsübertragungskomplexsystemen. J. Polymer Sci.: Polymer Letters Ed. **13** (1975) 3, S. 141–152.

Polymerschmelzen

Czarnecki, L., Plochocki, A.: Rheometrie von Polyolefinschmelzen. III. Anwendung des Computers für die Berechnung der viskoelastischen Eigenschaften von Polyäthylenschmelzen. Polimery, Warszawa **20** (1975) 1, S. 40–47.

Fuel'janov, D. N., Mjasnikova, L. I., Malyševa, V. A. u. a.: Rheologische Eigenschaften von Polymethylmethacrylatschmelzen. Plast. Massy, Moskva (Plast. Massen) (1975) 3, S. 74.

Chang Dae Han: Strömung viskoelastischer Polymerschmelzen durch sich verjüngende Röhre. Teil I. Messung von Spannungsdoppelbrechungsmustern in einem sich verjüngenden Kanal. Teil II. Rheologische Bedeutung von Wandnormalspannungsmessungen. Rheologica Acta, Darmstadt **14** (1975) 2, S. 173–181 (engl.)

Kotov, N. M., Bakeev, N. F., Belov, G. P. u. a.: Untersuchung des Schmelz- und des Kristallisationsvorganges von Polyäthylen bei hohen Drücken. Vysokomol. Soed. (Hochmol. Verbind.), Serija A **17** (1975) 5, S. 1141 bis 1145.

Fridman, M. L., Malkin, A. Ja., Vlasov, V. I.: Doppelschichtfließen von Polymerschmelzen in einem ringförmigen Extruderkopf. Plast. Massy, Moskva (Plast. Massen) (1975) 3, S. 29–33.

Polymerlösungen und -dispersionen

Klein, J., Schäfer, H. G.: Rheologische Untersuchungen zur Struktur makromolekularer Lösungen. Progr. Colloid Polymer Sci./Fortschrittsber. Kolloide u. Polymere **57** (1975) S. 94–99.

Schlegel, J., Kosfeld, R.: Selbstdiffusion von kleinen Molekülen in Polymerlösungen. Progr. Colloid Polymer Sci.: Fortschrittsber. Kolloide u. Polymere **57** (1975) S. 69–79.

Greco, R., Titomanlio, G., Marucci, G.: Nichtstationäre Dehnungsviskosität von Hantelsuspensionen bei hohen Reckgeschwindigkeiten. Rheologica Acta, Darmstadt **14** (1975) 2, S. 127–134 (engl.)

Perico, A., Cuniberti, C.: Über die hydrodynamische Wechselwirkung in Polymerlösungen. J. Polymer Sci.: Polymer Letters Ed. **13** (1975) 3, S. 177–180.
Nagasawa, M.: Thermodynamische und hydrodynamische Eigenschaften von Polyelektrolyten. J. Polymer Sci.: Polymer Symposia (1975) 49, S. 1–29.
Lajša, G. M., Šarkov, V. I.: Untersuchung der Auflösung von Cellulose in Gemischen von N_2O_4 mit einigen Flüssigkeiten. Vysokomol. Soed. (Hochmol. Verbind.), Serija A **17** (1975) 5, S. 999–1004.

Applikation von Polymeren

Overberger, C. G., Pacansky, T. J.: Einfluß von Copolymeren von 4(5)-Vinylimidazol und quaternären Imidazoliumsalzen auf die Hydrolysegeschwindigkeiten von geladenen und neutralen Estern. II. J. Polymer Sci.: Polymer Chem. Ed. **13** (1975) 4, S. 931–943.
Gusev, A. F., Dubjaga, V. P., Katalevskij, E. E.: Herstellung von gegen die Einwirkung wäßriger Medien in einem weiten pH-Bereich beständigen Membranen. Plast. Massy, Moskva (Plast. Massen) (1975) 5, S. 77–78.
Ivanov, V. T.: Membranen und Ionophore. Vestnik Akad. Nauk SSSR (Mitt. Akad. Wiss. UdSSR) (1975) 4, S. 50–59.
Poppel, E., Ciobanu, D.: Papier aus Zyanoäthylzellstoff. I. Thermostabilität und Verhalten beim Altern. Zellstoff u. Papier **24** (1975) 5, S. 135–142.
Bolto, B. A., Dixon, D. R., Eldrige, R. J. u. a.: Die Verwendung magnetischer Polymere in der Wasseraufbereitung. J. Polymer Sci.: Polymer Symposia (1975) 49, S. 211–219.
Klein, E., May, P. D., Smith, J. K. u. a.: Ionenaustauscherhohlfasern. J. Polymer Sci.: Polymer Letters Ed. **13** (1975) 1, S. 45–48.
Harris, F. W., Post, L. K.: Synthese und Polymerisation der Vinyl- und Acryloyloxyäthylester von 2,4'-Dichlorophenoxyessigsäure und 2-(2,4,5-Trichlorophenoxy)propionsäure. J. Polymer Sci.: Polymer Letters Ed. **13** (1975) 4, S. 225–229.

Sonderfragen

Grant, D.: Die Analogie des Angriffsverhaltens von Liganden an Übergangsmetallzentren zu Ziegler-Natta-Katalysatoraktivitäten. J. Polymer Sci.: Polymer Letters Ed. **13** (1975) 1, S. 1–9.
Rzaev, Z. M., Kjazimov, Š. K., Mamedov, S. M. u. a.: Zinnorganische Epoxidharze als Stabilisatoren von PVC. Plast. Massy, Moskva (Plast. Massen) (1975) 3, S. 66–68.
Tolan, M., Dinča, I.: Veresterungsmechanismus und -kinetik von Pyromellithsäureanhydrid mit höheren aliphatischen Alkoholen. Rev. Chimie, Bucureşti **26** (1975) 2, S. 97–101.

II. Faserstoffe

Naturfaserstoffe

Pflanzliche Faserstoffe

Lewin, M., Goldan, L. G.: Die Oxydation und der alkalische Abbau mercerisierter Baumwolle: Eine morphologische Studie. Textile Res. J. **45** (1975) 4, S. 308–314.

Tierische Faserstoffe

Tanaka, Y., Shiozaki, H.: Salzkatalysierte Additionsreaktion von Epoxiden mit verschiedenen Seidenfibroinen. Bull. Res. Inst. Polymers Textiles, Yokohama (1975) 106(3), S. 15–25 (jap.; engl. Zusammenfass.)

Chemiefaserstoffe

Chemiezellstoff

Hernádi, S.: Die Hypochloritbleiche von Zellstoff in Gegenwart von Aktivatoren. Zellstoff u. Papier **24** (1975) 5, S. 147–149.

Synthetische Faserstoffe

Bischoff, C., Ebers, J., Drechsel, W.: Erfahrungen und Ergebnisse bei der Erfassung und Wiederverwendung von Sekundärplasten. Chem. Technik **27** (1975) 6, S. 351–355.

Sonstige synthetische Faserstoffe

Šapošnikov, Ju. K., Kisarov, V. M., Saltanova, V. B. u. a.: Bestimmung flüchtiger Produkte bei der Verarbeitung von Polypropylen sowie von PVC- und ABS-Plasten. Plast. Massy, Moskva (Plast. Massen) (1975) 5, S. 37–38.
Baronin, G. S., Minkin, E. V., Kerber, M. L. u. a.: Einfluß polymerer Zusätze auf das Spinnen von Polyvinylchlorid. Plast. Massy, Moskva (Plast. Massen) (1975) 3, S. 75.

Kohlenstoffaserstoffe

Bless, P., Lando, J. B.: Ein Vergleich der Oberflächenstruktur von Graphitfaserstoffen auf Cellulose- und Polyacrylnitrilgrundlage. J. Polymer Sci.: Polymer Letters Ed. **13** (1975) 3, S. 153–156.

III. Fäden-Herstellungstechnologien

Spinnerei. Zwirnerei

Spinnerei

Balasubramanian, N.: Einfluß von Belastung und Einstellung der oberen Walze sowie von Spinnriemchenabstand auf die Garnqualität. Textile Res. J. **45** (1975) 4, S. 322–325.

V. Textilveredlung

Farbstoffe. Textilhilfsmittel

Urseanu, F., Vintilă, R., Preoteasa, M.: Neue kationische Farbstoffe für Polyacrylnitrilfaserstoffe. Rev. Chimie, Bucureşti **26** (1975) 2, S. 105 bis 107.
Küster, B.: UV-Stabilisatoren für aromatische Polyamide. Lenzinger Ber., Lenzing/Österr. (1975) 38, S. 12–13.

Färberei

Goldfinger, G.: Die Begrenzung des Farbtonbereichs von absorbierenden, streuenden Substraten. J. Polymer Sci.: Polymer Letters Ed. **13** (1975) 4, S. 231–233.

Ausrüstung

Beschichten von Teppichrücken mit PUR-Schaum. Chem. Ind. **27** (1975) 3, S. 136–137.
Boer, J. J. de, Borsten, H.: Der Einfluß homogener Faserbehandlungen auf die Eigenschaften mercerisierter und vernetzter Baumwollgewebe. Textile Res. J. **45** (1975) 4. S. 317–321.
Turner, J. D.: N-Methylol-2-pyrrolidon-5-carbonsäure, eine bequeme Verbindung zum Einbau von Carboxylgruppen auf Cellulose. Textile Res. J. **45** (1975) 4, S. 354–355.
Benisek, L.: Die Reaktion der Wolle mit Kaliumhexafluorzirkonat. Textile Res. J. **45** (1975) 4, S. 351–353.

Wäscherei. Chemische Reinigung

Ueberschär, K.: Optimierungsmöglichkeiten der textilen Naßreinigung. Textilreinigung **22** (1975) 5, S. 135–138.
Richter, M.: Technologie zur Bearbeitung von Pelz, Rauhleder und Spezialgarderobe. Textilreinigung **22** (1975) 5, S. 146–147.
Behandlung von pflegeleichter Bettwäsche aus PE-F/Bw-Mischgewebe in der industriellen Wäscherei. Textilreinigung **22** (1975) 5, S. 144–146.

VI. Werkstoffprüfung. Meß- und Prüftechnik. Standardisierung

Materialeigenschaften und Materialfehler

Minster, I.: Viskoelastisches Kriechen von Polymermaterialien. Mech. Polimerov, Riga (Mech. Polymere) (1975) 2, S. 358–361.
Bingham, M. A., Hill, B. J.: Untersuchung des thermischen Verhaltens von nichtentflammbaren Faserstoffen und Geweben. J. thermal Anal., London/Budapest **7** (1975) 2, S. 347–358.
Suda, N., Ohira, M.: Untersuchung über die Drapierbarkeit von Geweben. 1. Analyse des Mechanismus der Fallbildung mittels mechanischer Modelle. Bull. Res. Inst. Polymers Textiles, Yokohama (1975) 106(3), S. 31–37 (jap.; engl. Zusammenfass.)
Kassenbeck, P., Stay, A.: Denaturierung karatinischer Proteine unter Einwirkung von Hitze. Progr. Colloid Polymer Sci./Fortschrittsber. Kolloide u. Polymere **57** (1975) S. 123–132.

Meß- und Prüftechnik

Bensch, W.: Planen und Auswerten von Versuchen mit mehreren Einflußfaktoren in der Textilreinigung. Textilreinigung **22** (1975) 5, S. 138–142.
Gupta, B. S., George, W.: Eine Theorie der selbstkräuselnden Bikomponenten-Fäden. Textile Res. J. **45** (1975) 4, S. 338–349.
Worley, S., Lrowicki, R. S., Cox, E. L.: Gegenüberstellung von Micronaire-Werten zu den spezifischen Oberflächenwerten des Arealometers. Textile Res. J. **45** (1975) 4, S. 326–327.
Lednický, F., Pelzbauer, Z.: Bestimmung von Änderungen der Bruchfortpflanzung aus Bruchkurven. Internat. J. polymeric Materials **3** (1975) 4, S. 301–310.
Kubát, J., Rigdahl, M.: Einschätzung von inneren Spannungen in Plasten mittels einer Spannungsrelaxationsmethode. Internat. J. polymeric Materials **3** (1975) 4, S. 287–299.
Braginskij, A. I., Zelenev, Ju. V.: Vorrichtung zur Bestimmung dynamischer Kennwerte von Polymeren mit Hilfe der erzwungenen Resonanzschwingungen. Vysokomol. Soed. (Hochmol. Verbind.), Serija A **17** (1975) 5, S. 1179–1181.
Veremeeva, V. V., Špir'ko, N. V., Bobyl', V. G. u. a.: Prüfvorrichtung zur Bestimmung des Kriechvermögens von Polymeren bei Kompression. Zavodsk. Labor. (Betriebslabor) **41** (1975) 4, S. 491–492.
Zinovkin, V. A., Kotosonova, V. Ja.: Meßapparatur zur Bestimmung des dynamischen Young-Moduls von Kohlenstoffäden und -fasern. Zvodsk. Labor. (Betriebslabor) **41** (1975) 4, S. 499.
Miller, B., Martin, J. R., Goswami, B. C. u. a.: Der Einfluß der Feuchte auf die Entflammbarkeitseigenschaften von Textilien. Textile Res. J. **45** (1975) 4, S. 328–337.
Jacques, H. J.: Der Einfluß des Zusammenrollenwinkels auf die Festigkeit der Baumwollfaser. Textile Res. J. **45** (1975) 4, S. 356–357.
Sebring, R. E.: Faserfestigkeitsmesser, der mit hohen Dehnungsgeschwindigkeiten arbeitet. Textile Res. J. **45** (1975) 4, S. 357–358.

VII. Betriebstechnik. Ökonomie. Tagungsberichte und dgl.. Sonderfragen

Betriebstechnik

Antropov, B. V., Mironov, A. M., Krutskich, M. G. u. a.: Unschädlichmachen von Abgasen bei der Produktion von PVC-Folien. Plast. Massy, Moskva (Plast. Massen) (1975) 5, S. 29–30.
Abaseev, V. K., Zabairova, R. A.: Katalytische Methode zum Unschädlichmachen von Abgasen bei der Herstellung von Polyimidfolien. Plast. Massy, Moskva (Plast. Massen) (1975) 5, S. 34–35.
Kuznecova, E. M., Prochorova, V. A.: Reinigung von Abwässern aus der Herstellung von Polyäthylen hoher Dichte. Plast. Massy, Moskva (Plast. Massen) (1975) 5, S. 44–46.
Pevzner, I. D., Melent'eva, N. D.: Analyse von Abwässern bei der Produktion von Polyamiden. Plast. Massy, Moskva (Plast. Massen) (1975) 5, S. 67–68.

Ökonomie

Feyser, R.: Umweltschutz und Chemischreinigung. Textilreinigung **22** (1975) 5, S. 143–144.
Mehr Klarheit über die Erholung des Faserstoffmarktes. Chem. engng. News **53** (1975) S. 5.
Holz gewinnt an Interesse als Ausgangsmaterial für Plaste. Chem. engng. News **53** (1975) 16, S. 13–14.
Die Plasteindustrie beginnt sich zu erholen. Chem. engng. News **53** (1975) 17, S. 7.

Sonderfragen

Teppichboden im Krankenhaus. VDI-Nachr. **29** (1975) 23, S. 17.
Bulygin, B. M.: Thermische Spaltung stickstoffhaltiger Polymere. Plast. Massy, Moskva (Plast. Massen) (1975) 5, S. 24–27.
Vinylchloridproduzenten entsprechen den OSAH-Standards. Chem. engng. News **53** (1975) 14, S. 4.

Temperaturbeständige Faserstoffe aus organischen Polymeren

Von HANS DAWCZYNSKI

(Wissenschaftliche Taschenbücher, Reihe Chemie)

1974. VI, 196 Seiten — 12 Abbildungen — 44 Tabellen — kl. 8° — 8,— M

Bestell-Nr. 761 6646 (7115)

Der Autor vermittelt einen Überblick über die wichtigsten temperaturbeständigen Faserstoffe auf der Basis organischer Polymerer.
Dabei wird zunächst auf allgemeine Fragen des Zusammenhanges zwischen chemischer Struktur und thermischer Beständigkeit, der Prüfmethodik und der vielfältigen Synthesemöglichkeiten eingegangen. Der Schwerpunkt wird dabei stets auf die Herstellung von solchen thermostabilen Polymeren gelegt, aus denen sich aus der Schmelze oder der Lösung Faserstoffe mit textilen Feinheiten erspinnen lassen.

Bestellungen durch eine Buchhandlung erbeten

THEORIA CUM PRAXI

AKADEMIE-VERLAG

DDR-108 Berlin, Leipziger Str. 3–4

in Form bleiben
In Form bleiben - einen guten Sitz haben - dafür sorgen eingearbeitete Futterstoffe. Damit aber Futterstoffe in eine Form kommen, in Form bleiben - dafür sorgen Polyacrylat-Dispersionen. Denn Polyacrylat-Dispersionen sind ausgezeichnete Bindemittel für nicht gewebte textile Flächengebilde aller Art. Sie altern und verfärben sich nicht, garantieren hochproduktive Verarbeitungsverfahren bei der Herstellung von Faser- und Nadelvliesen. Auch für Ausrüstungen und weiche Kaschierungen sind Polyacrylat-Dispersionen bestens geeignet.
Vertrauen Sie unseren Erfahrungen! Unsere Anwendungstechniker beraten Sie gern.
Kombinat
VEB CHEMISCHE WERKE BUNA
DDR-4212 SCHKOPAU
DEWAG HALLE NOWI

www.ingramcontent.com/pod-product-compliance
Lightning Source LLC
LaVergne TN
LVHW081344011026
849161LV00013BB/3003